夹具设计项目教程

主　编　吴远发　谌　鑫
　　　　游龚君　张益翔
副主编　邹　悦

北京理工大学出版社
BEIJING INSTITUTE OF TECHNOLOGY PRESS

内容提要

本书分为两大模块，分别为夹具设计基础模块和夹具设计实践模块，夹具设计基础模块注重基础知识和理论介绍，包含认识夹具、夹具常见机构设计和夹具设计方法三个项目；夹具设计实践模块注重实践应用包含车床夹具设计、铣床夹具设计、钻床夹具设计三个项目。全书聚焦读者核心能力的培养，以案例形式充分调动读者的学习兴趣和创造性思维培养。

本书可作为高等院校、高职院校夹具设计相关课程教材、设计参考书及机械加工工艺设计参考书、毕业设计参考书，也可作为从事夹具设计与制造工程技术人员学习用书及机械加工企业培训用书。

图书在版编目（CIP）数据

夹具设计项目教程 / 吴远发等主编.--北京：北京理工大学出版社，2023.11
ISBN 978-7-5763-3107-3

Ⅰ.①夹…　Ⅱ.①吴…　Ⅲ.①机床夹具－设计－教材
Ⅳ.①TG750.2

中国国家版本馆CIP数据核字（2023）第222287号

责任编辑： 高雪梅		**文案编辑：** 高雪梅	
责任校对： 周瑞红		**责任印制：** 李志强	

出版发行 /	北京理工大学出版社有限责任公司
社　　址 /	北京市丰台区四合庄路6号
邮　　编 /	100070
电　　话 /	(010) 68914026（教材售后服务热线）
	(010) 63726648（课件资源服务热线）
网　　址 /	http：//www.bitpress.com.cn
版 印 次 /	2023年11月第1版第1次印刷
印　　刷 /	河北鑫彩博图印刷有限公司
开　　本 /	787 mm×1092 mm　1/16
印　　张 /	14
字　　数 /	372千字
定　　价 /	76.00元

前　言

夹具设计课程作为机械类专业的一门专业技术课，不但具有较强的理论性，而且具有很强的实用性。为培养学生对一般机床夹具综合分析、设计的能力，本书在编写过程中注重"工学结合，理实一体化"的宗旨，以培养知识与技能为目标，避免就理论谈理论，就技能谈技能，做到有的放矢。打破传统的知识体系，将理论知识和实践操作合二为一，理论与实践一体化，体现"学中做、做中学"，让学生在做中学习，在做中发现规律、获取知识与技巧。

全书分为两大模块，分别为夹具设计基础模块和夹具设计实践模块。夹具设计基础模块注重夹具基础知识的掌握与夹具的认知，包含认识夹具、夹具常见机构设计和夹具设计方法三个项目；夹具设计实践模块注重理论知识和实践操作的结合，包含车床夹具设计、铣床夹具设计、钻床夹具设计三个项目。

每一个项目分为若干个学习任务，每一个学习任务，又分为两个大点，第一个点为用心学一学，主要讲述各任务知识点及设计思路与分析；第二个点为动脑想一想为课后习题，为巩固知识点，提升学生能力。

全书选择实例具有代表性，内容翔实，希望学生学习达到举一反三的目的。本书表述上追求简单易懂，有大量配图，包含二维图和三维图，旨在拓展学生知识面，解决过多文字学习烦琐问题。希望本书能给读者带来不一样的体验。

本书由贵州电子科技职业学院吴远发、谌鑫、游龚君和张益翔担任主编，贵州电子科技职业学院邹悦担任副主编。其中项目一由谌鑫编写完成，项目二由邹悦编写完成，项目三由游龚君编写完成，项目四由张益翔编写完成，项目五和项目六由吴远发编写完成。

本书配套电子课件及相关学习资料，以满足读者多元化学习的需求。

由于编者水平有限，书中难免存在不妥之处，恳请广大读者批评指正。

编　者

目　　录

模块一　夹具设计基础

项目 1　认识夹具

情境导入

工件在机床上进行加工时，为了保证其精度要求，工件的加工表面与刀具之间必须保证一定的位置关系，机床夹具就是机床上用以装夹工件和引导刀具的装置。在现代机械加工生产中，机床夹具是不可缺少的工艺装备，它的设计水平和制造水平直接影响零件的加工精度、生产效率和产品的制造成本，夹具设计是机械加工中十分重要的工作。

通过本项目的学习，学生可以认识常见夹具，掌握夹具的基本组成元件，对后期学习夹具具有重要的意义。

任务 1.1　认识常用机械加工夹具

学习目标

知识目标：
1. 掌握三爪卡盘、平口钳和万能分度头的基本结构；
2. 掌握夹具基本组成。

技能目标：
1. 能够对常见夹具进行分类；
2. 能够叙述三爪卡盘、平口钳和万能分度头的工作原理。

素养目标：
1. 认识夹具对机械制造过程的重要性；
2. 通过夹具知识的学习，提升专业素养。

认识常用机械
加工夹具

1.1.1　用心学一学

夹具是一种装夹工件的工艺设备，广泛应用于机械制造过程中的切削加工、热处理、装配、焊接和检测等工艺过程。根据机械加工工艺规程的要求，在机械加工中用来正确地确定工件及刀具的相对位置，并且合适而迅速的将它们夹紧的一种机床附加装置称为机床夹具。本书主要研究夹具在切削加工中的应用。

在机械切削加工中，夹具的主要作用是实现工件的定位和夹紧，使工件加工时相对于机床和刀具有正确的位置，以保证工件的加工精度。

1. 夹具分类

在加工中使用夹具进行装夹是为了加工出符合规定技术要求的表面，实现工件的定位与夹紧。机械加工中的夹具分类如图 1.1 所示。

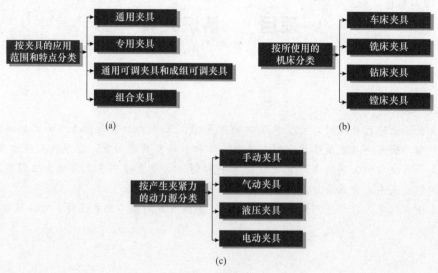

图 1.1　夹具分类

（a）按夹具的应用范围和特点分类；（b）按所使用的机床分类；（c）按产生夹紧力的动力源分类

通用夹具有三爪自定心卡盘、四爪单动卡盘、机用平口钳、分度头、回转工作台、各类顶尖等。这类夹具具有很大的通用性，适用于装夹各种轴类、盘类、箱体类工件，应用范围相当广泛。这类夹具一般已标准化、系列化，由专门厂家生产，有些则作为机床附件直接提供给用户。

专用夹具是指仅为某一工件的一道或数道工序的加工而专门设计的夹具。当工件结构变更或工序内容变更时，都可能使其失去应用价值。其生产准备周期比较长，费用较高，适用于产品较固定、生产批量较大的工件生产。本课程主要研究对象为机床专用夹具设计。

组合夹具是由预先制造好的各类标准元件和组件拼装而成。这类夹具是介于专用夹具和通用夹具之间的一类新型夹具，是机床夹具通用化、标准化、系列化发展的具体体现。

可调夹具是针对通用夹具和专用夹具的不同特点而发展起来的一类新型夹具。对不同类型和尺寸的工件，这类夹具只需要调整或更换个别定位元件和夹紧元件便可使用。它又分为通用可调夹具和成组可调夹具两种类型。

2. 常见夹具

（1）三爪卡盘。三爪卡盘（图 1.2）主要由卡盘体、活动卡爪、大锥齿轮和小锥齿轮组成，是一种通用夹具，主要与车床配合加工零件。按驱动卡爪所用动力不同，三爪卡盘分为手动卡盘和动力卡盘两种。三爪卡盘上三个卡爪导向部分的下面有螺纹与大齿轮背面的平面螺纹相啮合，当用扳手通过四方孔转动小齿轮时，大齿轮转动，背面的平面螺纹同时带动三个卡爪向中心靠近或退出，用以夹紧或松开工件。

三爪卡盘

（2）平口钳。平口钳（图 1.3）又名机用虎钳，由固定钳身、活动钳口、丝杠、螺母、护口板等组成，是一种通用夹具，常用于安装小型工件。它常配合铣床、钻床等使用，将其固定在机床工作台上，用来夹持工件进行切削加工。工作时，用扳手转动丝杠，通过丝杠螺母带动活动钳身移动，形成对工件的夹紧与松开。

图 1.2　三爪卡盘

图 1.3　平口钳

（3）万能分度头。万能分度头（图 1.4）的底座内装有回转体，分度头主轴可随回转体在垂直平面内向上 90°和向下 10°范围内转动。主轴前端常装有三爪卡盘或顶尖。分度时拔出定位销，转动手柄，通过齿数比为 1∶1 的直齿圆柱齿轮副传动，带动蜗杆转动，又经齿数为 1∶40 的蜗轮蜗杆副传动，带动主轴旋转分度。当分度头手柄转动一转时，蜗轮只能带动主轴转过 1/40 转。万能分度头是各类铣床不可缺少的主要附件，它能将装在顶尖之间或卡盘上的工件分成任意角度或等分。

万能分度头

图 1.4　万能分度头

3. 夹具组成

（1）定位元件。定位元件是夹具中最主要的功能元件，是夹具的核心部分。当工件定位的基准面形状和方位确定后，就要依靠定位元件来保证工件定位的准确和可靠，即定位元件的作用就是保证工件的正确定位，如夹具中常用的定位心轴、定位销、定位块、顶尖等。

（2）夹紧元件。夹紧元件的作用是将工件压紧固定不动，保证工件在加工过程中所处的正确位置不发生任何偏离，如夹具中常用的压板、锁紧螺母、卡爪、弹性夹头等。

（3）导向元件。导向元件的作用是将夹具与机床连接起来，并确定夹具对机床主轴、工作台、导轨或刀具运行轨迹的相互方位，如夹具中常用的钻套、镗模、导向键等。

（4）特定元件。根据加工的特殊要求，有些夹具需要设置具有特定功能的构件，如分度装置、靠模装置、快速拆装心轴、工件的顶出装置、互锁装置和平衡块等。这些元件虽不是夹具共有的元件，但保证工件加工要求却是不可缺少的，需要特殊的设计。

（5）夹具体。夹具体是夹具的基体构件，以上所有元件都需要通过特定的结构或连接元件将它们安装到夹具体上，构成一个完整的夹具。常用的夹具体有铸件结构、锻件结构、焊接结构和装配结构等，其基本形式主要有两大类，即回转体形式和底座形式。

为了更方便理解机床夹具的各组成部分的关系，采用图1.5说明，从图中可以看出，被加工工件通过夹紧装置进行固定，整个夹具体通过连接元件与机床工作台连接，加工过程中，刀具通过对刀块或者导向元件进行准确定位，因此，夹具各个部分之间既是相互独立又是相互联系的关系。

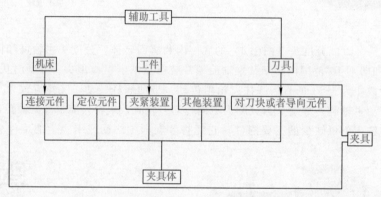

图 1.5　夹具各部分之间关系

1.1.2　动脑想一想

1. 填空题

（1）在机械切削加工中，夹具的主要作用是实现工件的_____和_____。

（2）能保证工件定位的准确和可靠的元件是_____。

（3）按照所使用的机床来分，三爪卡盘属于_____。

（4）根据机械加工工艺规程要求，在加工中用来正确地确定_____及_____的相对位置，并且合适而迅速地将它们夹紧的一种机床附加装置称为机床夹具。

2. 判断题

（1）机床夹具的功能只是定位和夹紧。（　　　）

（2）夹具体是机床夹具的基础件，通过它将夹具的所有元件连接成一体。（　　　）

（3）所有夹具都有定位元件和导向元件。（　　　）

（4）一般来说，通用夹具是机床夹具中的主要研究对象。（　　　）

（5）工件安装时，采用找正定位比采用夹具定位效率更高、精度更高。（　　　）

（6）机床夹具只能用于工件的机械加工工序中。（　　　）

（7）夹具体是整个夹具的基础和骨架。（　　　）

（8）机床夹具一般已标准化、系列化，并由专门厂家生产。（　　　）

（9）自动、高效夹具的实际应用，可以相应地降低对操作工人的装夹技术要求。（　　　）

(10) 夹具的作用之一就是通过夹紧装置来消除工件位置的不确定性。（　　）

(11) 在数控机床上加工工件，无须采用专用夹具。（　　）

(12) 所有机床夹具都必须设置夹紧装置。（　　）

(13) 车床夹具中，花盘通常作为定位元件。（　　）

3. 选择题

(1) 工件在机床上加工时，通常由夹具中的（　　）来保证工件相对于刀具处于一个正确的位置。

    A. 定位元件　　　　　B. 夹具体　　　　　C. 夹紧元件　　　　　D. 辅助装置

(2) 机用平口钳是常用的（　　）。

    A. 专用夹具　　　　　B. 通用夹具　　　　　C. 拼装夹具　　　　　D. 组合夹具

(3) 下列夹具中，（　　）肯定不是专用夹具。

    A. 钻床夹具　　　　　B. 铣床夹具　　　　　C. 车床夹具　　　　　D. 三爪自定心卡盘

(4)（　　）是夹具的核心部分。

    A. 定位元件　　　　　B. 夹紧元件　　　　　C. 夹具体　　　　　D. 特定元件

(5) 在机床夹具中，V 形块通常作为（　　）使用。

    A. 夹具体　　　　　B. 夹紧装置　　　　　C. 辅助装置　　　　　D. 定位元件

(6) 下列说法中，（　　）不正确。

A. 一般情况下，机床夹具具有使工件在夹具中定位和夹紧两大作用

B. 夹具相对于机床和刀具的位置正确性，要靠夹具与机床、刀具的对定来保证

C. 工件被夹紧后，就自然实现了定位

D. 定位和夹紧是两回事

(7)（　　）是由预先制造好的各类标准元件和组件拼装而成的一类新型夹具。

    A. 组合夹具　　　　　B. 专用夹具　　　　　C. 通用夹具　　　　　D. 数控机床夹具

4. 简答题

(1) 指出图1.6中各部分名称。

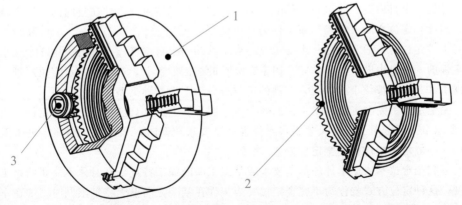

图 1.6　三爪卡盘

(2) 在实训课程中，你用到了哪些夹具？简单分析它的作用。

任务 1.2 认识定位元件

知识目标：

1. 了解各个定位元件的工作原理；

2. 掌握定位误差分析。

技能目标：

1. 能够认识常见夹具定位元件；

2. 能够对定位元件限制自由度进行分析。

素养目标：

1. 认识定位元件设计对夹具设计的重要性；

2. 提高机械设计能力。

1.2.1 用心学一学

夹具定位原理

1. 夹具定位原理

工件在未进行定位前，其在空间的位置是不确定的，这种不确定性称为自由度。将工件设想为一个理想的刚体，并将其放置在空间直角坐标系中，以此坐标系作为参照系，来考察刚体位置和方位的可能变动。从运动学角度分析，一个自由刚体在空间上可能会有 6 个自由度的变动。可以看出，工件在空间的位置是不确定的，它既可以沿 X、Y、Z 三个坐标轴移动，称为移动自由度，分别表示为 $\vec{X}$、$\vec{Y}$、$\vec{Z}$；又可以绕 X、Y、Z 三个坐标轴转动，称为旋转自由度，分别表示为 $\widehat{X}$、$\widehat{Y}$、$\widehat{Z}$。

从以上分析可以看出，要使工件在空间上有一个确定的位置，就必须设置相应的 6 个约束，以限制工件的 6 个自由度。如果对工件的 6 个自由度都加以约束，工件在空间的位置也就完全固定下来。因此，定位实际上就是约束工件的自由度。

在对工件定位时，通常是用一个支承点约束工件的一个自由度。合理地设置 6 个支承点就可以约束工件的 6 个自由度，使工件完全固定在夹具的适当位置上，这就是六点定位原理。

根据工件自由度被约束的状况，工件的定位可分为下面几种类型。

（1）完全定位。完全定位是指工件的 6 个自由度不发生重复且被全部约束的定位。当工件在 X、Y、Z 三个坐标方向上均有尺寸要求或位置精度要求较高时，如机座、箱体、机床工作台等类型工件，一般均采用这种完全定位方式。

（2）不完全定位。依据工件的加工要求或某道工序的加工特点，有时并不需要约束工件的全部自由度，这种定位方式就称为不完全定位。当工件在某个方向上无特别限制时，如在车床加工通孔、铣削工件的平面等情况，通常可以采用这种不完全定位方式。因此，可以概括地说，工件在定位时应该约束的自由度数量是由工序的加工要求确定的，即不影响加工精度的自由度可以不必约束。采用不完全定位可以简化定位装置，减少辅助操作时间，在实际生产中被普遍使用。

（3）欠定位。依据工件的加工要求，应该约束的自由度而没有加以约束的定位称为欠定位。欠定位是无法保证加工要求的，这在夹具设计中是不允许的。一旦在夹具的结构中存在这种缺陷，使用此类夹具加工的整批工件的质量和精度都无法保证。

（4）过定位。夹具上的两处或两处以上的定位元件重复约束同一个自由度，称为过定位。如果出现这种情况，由于两处定位元件的制造误差、定位方式或操作方法的差异，将会造成工件定位的不正确或发生干涉现象，也就无法保证加工精度要求。从某种意义上说，过定位的存在所造成的错误与欠定位的效果相似。因此，在夹具设计中要严格分析定位的合理性和科学性，避免过定位状况的发生。

2. 六点定位原理应用

（1）箱体类零件。一般来说，箱体类工件具有规则的外形轮廓，如六面体、八面体等，并具有较大而稳固的安装平面。如图 1.7 所示，用相当于六个定位点的定位元件（六个支承钉）与工件表面（定位基准面）接触即可消除工件的六个不定度，即：通过工件底面（XOY 面）与三个定位点的接触，消除了工件位置的 $\overrightarrow{X}$、$\overrightarrow{Y}$、$\overrightarrow{Z}$ 不定度，如图 1.8（a）所示；通过工件侧面（XOZ 面）与两个定位点的接触，消除了工件位置的 $\overrightarrow{Y}$、$\overrightarrow{Z}$ 不定度，如图

箱体六点定位

1.8（b）所示；通过工件端面（YOZ 面）与一个定位点的接触，消除了工件位置的 $\overrightarrow{X}$ 不定度，如图 1.8（c）所示。至此，工件空间位置的六个不定度全部被消除。因此，只要工件的相应表面与对应分布的六个定位点同时接触，工件的位置就被唯一地确定下来。

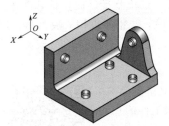

图 1.7　箱体六点定位

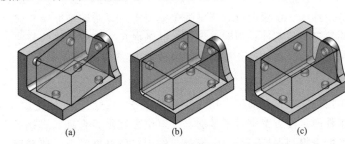

图 1.8　平行六面体不定度消除

（a）底盘定位；（b）侧面定位；（c）端面定位

习惯上，把箱体类工件的底面（幅面较大的平面）称为工件的主要定位基准面，又称第一定位基准面；把箱体类工件的侧面（相对较长的平面）称为工件的导向定位基准面，又称第二定位基准面；把箱体类工件的端面（相对较窄的平面）称为工件的止推定位基准面，又称第三定位基准面。

（2）盘类零件。对于带槽（或带孔）盘类零件，六点定则的应用情况如图 1.9 所示。

一般来说，盘类工件具有较大的端部幅面，其轴向尺寸或高度尺寸相对较小，考虑到安装的稳定及夹紧可靠，常以较大的端面作为主要定位基准面，即第一定位基准面，故夹具上常为工件的大端面设置一个环形安装面（三点）来作为主要定位基准。图 1.9 中的支承点 1、2、3 就起这个作用，它们消除了工件的 $\overrightarrow{X}$、$\overrightarrow{Y}$、$\overrightarrow{Z}$ 三个不定度。

通过支承点 4、5 与工件的接触，分别消除了工件 $\overrightarrow{Y}$、$\overrightarrow{X}$ 两个移动不定度，支承点 4、5 形成了工件定位中的第二定位基准。对于盘类工件，习惯上称为定心基准。

支承点 6 在定位时，保持与工件键槽的一个固定侧面相接触，消除了不定度 $\overrightarrow{Z}$，形成了工件定位中的第三定位基准，习惯上称为防转基准。

（3）轴类工件。对于带槽（或带孔）轴类工件，六点定则的应用情况如图 1.10 所示。

由于轴类工件的轴向尺寸大，所以常以两端同轴的支承轴颈作为其回转支承，对其加工往往有较严格的同轴度、对称度等位置公差要求。另外，工件用公共轴线定位安装时，应保证公共轴线与刀具的轴向运动轨迹保持平行。

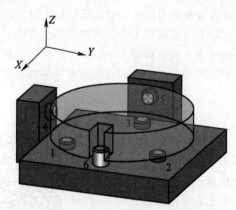

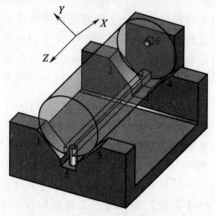

图 1.9　盘类零件的六点定位　　　　　图 1.10　轴类工件的六点定位

对于轴类工件的定位，夹具一般用轴向尺寸较大的 V 形块的两个斜面与工件支承轴径相接触，形成不共面的四点约束，如图 1.10 中的 1、2、3、4 点，以保证工件公共轴线的空间位置的正确性。定位点 1、2、3、4 形成了轴类工件的第一定位基准，它消除了工件的 $\vec{X}$、$\vec{Y}$、$\widehat{X}$、$\widehat{Y}$ 四个不确定性。第二、第三定位基准的顺序，依工序要求及定位精度而确定。当对本工序内容的对称度、位置度有较严格的公差要求时，防转基准销 5 成为第二定位基准，而止推基准销 6 成为第三定位基准；当对工序内容的轴向尺寸有较严格的公差要求时，止推基准销 6 成为第二定位基准，防转基准销 5 成为第三定位基准。

3. 定位基准

定位基准是在加工中用作定位的基准。一旦工件的定位基准被选定下来，则工件的定位方案也就基本确定。定位方案是否合理，直接关系到工件的加工精度能否得到保证。工件定位时，作为定位基准的点、线和面，往往是由某些具体表面来体现出来的，这种表面称为定位基面。

盘类零件的
六点定位

在零件的设计和制造过程中，要确定零件上点、线、面的位置，必须以一些指定的点、线、面作为依据，这些作为依据的点、线、面称为基准。基准按作用的不同，常分为设计基准和工艺基准两类。

（1）设计基准。设计基准是指设计时在零件图样上所使用的基准。如图 1.11 所示，齿轮内孔、外圆和分度圆的设计基准是齿轮的轴线，齿轮两端面可认为是互为基准。又如图 1.12 所示，机座表面 2、3 和孔 4 轴线的设计基准是机座表面 1；孔 5 轴线的设计基准是孔 4 的轴线。

图 1.11　齿轮设计基准选择示意

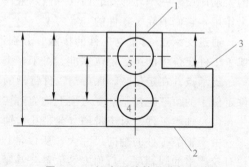

图 1.12　机座设计基准选择示意

（2）工艺基准。工艺基准是指在制造零件和装配机器的过程中所使用的基准。工艺基准又分为工序基准、定位基准、测量基准和装配基准，它们分别用于工序图中工序尺寸的标注、工件加工时的定位、工件的测量检验和零件的装配。

1）工序基准。在工序图上，用以标定被加工表面位置的点、线、面称为工序基准（所标注的加工面的位置尺寸是工序尺寸），即工序尺寸的设计基准。对于图 1.13 所示铣平面 C，平面 M 是平面 C 的工序基准，尺寸 $C\pm\Delta C$ 是工序尺寸。

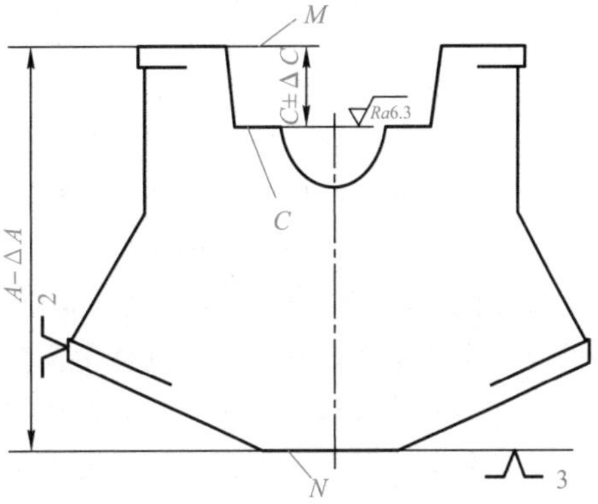

2）定位基准。加工时确定零件在机床或夹具中位置所依据的那些点、线、面称为定位基准，即确定被加工表面位置的基准。例如，车削图 1.14（a）中的齿轮毛坯的外圆和右端面，若用已经加工过的内孔将工件安装在心轴上，则孔的轴线就是外圆和下端面的定位基准。

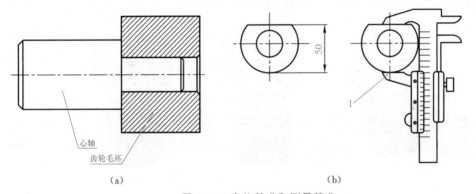

图 1.13　工序基准

3）测量基准。被加工表面的尺寸、位置所依据的基准称为测量基准，如图 1-14（b）所示，用游标卡尺对工件加工后的尺寸 50 mm 进行测量，测量基准就是工件的下母线 1。

图 1.14　定位基准和测量基准

（a）定位基准；（b）测量基准

4）装配基准。在装配时，确定零件位置的点、线、面称为装配基准，即装配中用来确定零件、部件在机器中位置的基准，如图 1.15 所示。锥齿轮 1 的装配基准是内孔及端面，轴 2 的装配基准是中心线及端面，轴承 3 的装配基准是轴承中心线及端面。装配基准一般与设计基准重合。

4. 定位元件

工件定位时，除了应尽可能地使定位基准与工序基准重合，使定位符合六点定则外，还要合理选用定位元件。夹具设计时，定位基准一旦选定，定位基准的表面形式将成为选用定位元件的主要依据。工件上常被选作定位基准的表面形式包括平面、圆

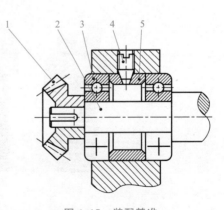

图 1.15　装配基准

1—锥齿轮；2—轴；3—轴承；4—螺钉；5—隔圈

柱面、圆锥面和其他成型面及其组合。

工件在夹具中定位时，一般不允许将工件直接放在夹具体上，而应安放在定位元件上，这时，工件上的定位基准面与夹具上定位元件的工作表面相接触。因此，对定位元件要求高精度、高耐磨、足够的刚度和强度、良好的工艺性。

（1）以平面定位的定位元件。在装备制造中，多数工件都是以平面作为主要定位基准，如机座、箱体、支架、圆盘等。以平面定位的定位元件通常采用支承板或大平面体等作为定位基准。以平面作为定位基准，还分为粗基准定位和精基准定位两种情况。粗基准一般是指尚未加工的铸造件、锻造件或焊接件等毛坯体；精基准是指已加工过的工件表面。对粗基准定位和精基准定位两种情况应设计不同的定位元件。

1）粗基准平面定位元件。粗基准平面的定位通常采用两种形式，即固定式支承钉和可调节支承钉。前者是将其安装到夹具体上固定不动，后者则是在轴线方向上设计成可调节移动后再固定形式。常见粗基准平面定位元件如图1.16和图1.17所示。

①A型支承钉为平头支承钉，适用于粗基准平面定位，也可适用于已加工平面的定位。

②B型支承钉为球头支承钉，用于工件毛坯表面的定位，由于毛坯表面质量不稳定，为得到较为稳固的点接触，故采用球面支承。这种支承钉与工件形成点接触，接触应力较大，容易损坏工件表面，使表面留下浅坑，使用中应注意，尽量不用在负荷较大的场合。

③C型支承钉为齿纹头结构，此类结构有利于增大摩擦力，使支承稳定可靠，但其处于水平位置时容易积存切屑，影响定位精度，因而常用于侧面定位。

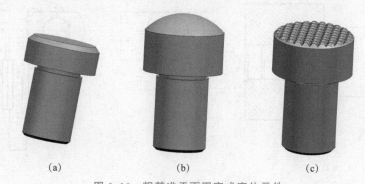

(a)   (b)   (c)

图 1.16   粗基准平面固定式定位元件

(a) A型（平头）支承钉；(b) B型（球头）支承钉；(c) C型（齿纹头）支承钉

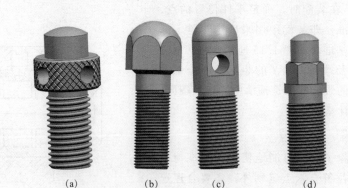

(a)   (b)   (c)   (d)

图 1.17   粗基准平面可调式定位元件

(a) 圆柱头可调支承钉；(b) 六角头可调支承钉；(c) 调节支承；(d) 顶压支承

④圆柱头可调支承钉，该结构中的滚花手动调节螺母具有手动快速调节功能，所以也经常用来作为辅助支承元件。其标准代号为 JB/T 8026.3—1999。

⑤六角头可调支承钉，其适用于工件支承部位空间尺寸较大的情况，标准代号为 JB/T 8026.1—1999。

⑥调节支承，其适用于工件支承空间比较紧凑的情况。标准代号为 JB/T 8026.4—1999。

⑦顶压支承，其一般用作重载下的支承，标准代号为 JB/T 8026.2—1999。

2）精基准平面定位元件。对于精基准平面的定位，由于经过切削加工后的表面比较平整、光滑，因此，其定位精度较高。通常可采用夹具体平面、支承板、平头支承钉和非标准结构支承板等进行定位。常见精基准平面定位元件如图 1.18 所示。

①A 型为平面型支承板，其结构简单，表面平滑，对工件的移动不会造成阻碍，但其螺钉安装沉孔处易残存切屑且不易清理。所以，这种支承板多用于工件的侧面、顶面及不易存屑方向上的定位 ［图 1.18（a）］。

②B 型支承板为带屑槽式支承板，它在 A 型支承板基础上做了改进，表面上开出 45°的容屑槽，并把螺钉沉孔设置到容屑槽中，使支承板的工作面上难以存留残屑。此种结构有利于清屑，即使工件的表面上粘有碎屑，也会由于工件与支承板的相对运动而被槽边刮除，使切屑难以进入定位面 ［图 1.18（b）］。

(a)　　　　　　　　　　　　　　(b)

图 1.18　精基准平面定位元件

（a）A 型支承板；（b）B 型支承板

3）辅助支承。为提高工件的安装刚度及稳定性，防止工件的切削振动及变形，或者为工件的预定位而设置的非正式定位支承称为辅助支承。辅助支承不起定位作用，即不消除工件的不定度。图 1.19 所示为辅助支承的应用实例，本工序需铣削上平面，以保证高度尺寸。加工时，选择工件较窄小的底部作为主要定位基准面。考虑到工件的左半悬伸部分厚度较小、刚度较差，为防止工件左端在切削力作用下产生变形和铣削振动，在该处设置辅助支承，来提高工件的稳定性和刚度。

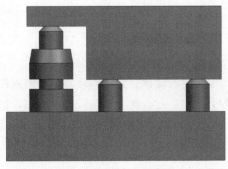

图 1.19　辅助支承应用

4）自位支承。自位支承是指能够根据工件实际表面情况自动调整支承方向和接触部位的浮动支承。自位支承有浮动球面、摆动杠杆、滑动斜面等结构。自位支承具有如下作用：保证不同接触条件下的稳固接触，提高工件安装稳定性；增大支承点的局部刚度；消除重复定位所造成的夹紧弹性变形。它适合各类复杂曲面的点定位。

球面副浮动结构（图1.20）：该结构利用凹球面座与浮动头凸球面相接触，接触应力较小，耐磨损，适用于承受大荷载。但浮动头的摩擦较大，摆动灵敏度差，而且内外球面副的制造较困难。

球面锥座式浮动结构（图1.21）：与球面副浮动结构相比，该结构制造工艺简单，且对凸球面的制造精度要求也不高，接触形式为环面接触或线接触，摆动灵敏性好。但其接触应力较大，易于磨损，多用于轻载情况下的高精度定位。

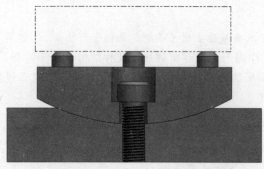
图1.20　球面副浮动结构

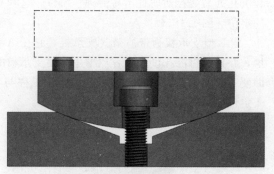
图1.21　球面锥座式浮动结构

摆动杠杆式浮动结构（图1.22）：由于该结构简单，制造方便，被广泛应用于各类浮动定位及浮动夹紧。但其只适用于一个方向的转动浮动。

（2）以孔定位的定位元件。工件以圆柱孔定位也是普遍使用的定位方式，其实质是中心定位。由于是中心定位，因此要求作为定位的工件孔基准面具有较高的精度。工件以中心定位的具体方式有定位销、定位插销、定位轴和心轴等与孔配合来实现。常见以孔定位的定位元件如图1.23所示。

1）定位销类定位元件。定位销类定位元件主要用于箱壳类和盖板类工件以圆柱孔作为定位表面时，是最常用的夹具定位元件。对于工件上较大尺寸（D >50 mm）的定位孔，圆柱销的尺寸及结构需要根据工件的定位要求及定位孔的尺寸公差带来具体确定；对于在常用尺寸范围（D为1~50 mm）内的圆柱销，由于应用广泛，均已标准化。

2）定位心轴类定位元件。定位心轴常用来对

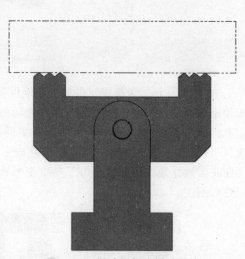
图1.22　摆动杠杆式浮动结构

内孔尺寸较大的套筒类、盘类工件进行安装。定位心轴的结构形式较多，在大批量生产中，应用较为广泛的典型结构有间隙配合心轴、过盈配合心轴、锥度心轴，如图1.24所示。

①间隙配合心轴。轴向尺寸较长的心轴以外圆柱面为工件的内孔提供定位安装的位置依据。心轴与工件内孔一般按h6、g6、f7来制造。由于工件与心轴间配合间隙的存在，所以定心精度较差。

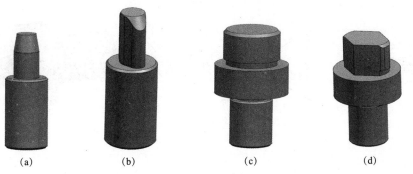

图 1.23　定位销类定位元件

（a）A 型小定位销；（b）B 型小定位销；（c）A 型定位销；（d）B 型定位销

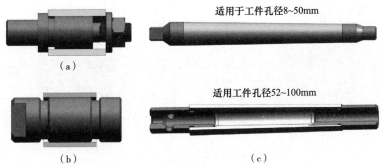

适用于工件孔径8~50mm

适用工件孔径52~100mm

图 1.24　定位心轴

（a）间隙配合心轴；（b）过盈配合心轴；（c）锥度心轴

②过盈配合心轴。心轴工作部分直径一般按 r6 来控制最大过盈量。定心精度高是其最大特点，但工件装卸不便，若操作不当易损伤工件内孔。另外，切削力也不宜过大，且对定位孔的尺寸精度要求较高。

③锥度心轴。其作为一种标准心轴，在高精度定位中应用广泛，标准代号为 JB/T 10116－1999。但当整批工件内孔尺寸公差较大时，会造成不同工件在心轴上楔紧后的轴向安装位置有较大的差异。

3）锥销。锥销是工件的圆柱孔和圆锥孔的定位依据，它有顶尖（图 1.25）和圆锥销（图 1.26）两类。各种不同类型的普通顶尖及内拨顶尖广泛地应用于车床、磨床、铣床等机床上，完成对各类工件孔的定位。夹具标准内拨顶尖［图 1.25（a）］标准代号为 JB/T 10117.1－1999，夹具标准夹持式内拨顶尖［图 1.25（b）］标准代号为 JB/T 10117.2－1999。

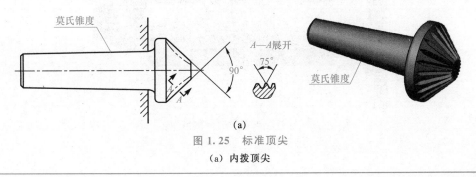

图 1.25　标准顶尖

（a）内拨顶尖

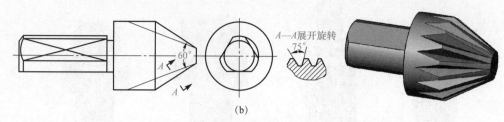

（b）

图 1.25 标准顶尖（续）

（b）夹持式内拨顶尖

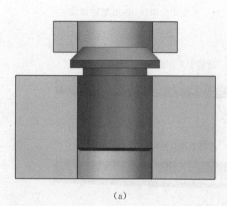 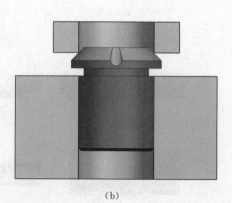

（a）   （b）

图 1.26 圆锥销定位

（a）精基准定位；（b）粗基准定位

4）自动定心夹紧机构。在机床夹具中，广泛地应用着各种类型的自动定心夹紧机构。这类机构在对工件施行夹紧的过程中，利用等量弹性变形或斜面、杠杆等结构的等量移动原理，对工件的回转内、外表面实行自动定心定位，如车、磨夹具中广泛应用的各类弹性夹头。

图 1.27 所示为自动定心夹紧心轴。工件安装时，拧紧螺母，螺杆在螺纹作用下使右楔紧圆锥和左楔紧圆锥产生轴向相对移动，从而推动前楔块组和后楔块组（每组三块）的六块楔块沿径向同步地挤向工件，直至所有楔块均挤紧工件为止，完成对工件内孔前后端的自动定心及夹紧工作。

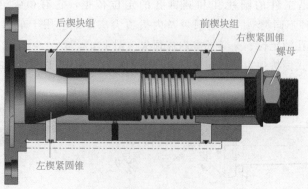

图 1.27 自动定心夹紧机构

（3）以外圆柱面定位的定位元件。工件以外圆柱面定位时，通常使用 V 形块或定位套等定位元件进行定位。无论使用哪一种定位方式，其定位原理都是对工件的中心进行定位，即将工件的回转轴作为定位基准。常见以外圆柱面定位的定位元件如图 1.28 所示。

在以外圆柱面作为定位基准面时，V 形块以其结构简单、定位稳定可靠、对中性好而获得广泛应用。不论是局部的圆柱面还是完整的圆柱面，利用 V 形块（或 V 形结构）都可以得到良好的定位安装效果。由于 V 形块定位同时利用成角度的两个斜面来约束工件，所以定位的工件圆柱面的曲率中心始终被包含在 V 形块两工作斜面的对称中心平面内，习惯上将其称为工件的对中性。所以，在有严格对称加工要求的铣、钻工序中，广泛应用各种 V 形块作为定位元件。

常用 V 形块两工作斜面间的夹角一般有 60°、90°、120°三种，其中 90°的 V 形块应用最多，其结构及规格尺寸均已标准化。各种 V 形块标准代号分别为 JB/T 8018.1－1999（V 形块）、JB/T 8018.2－1999（固定 V 形块）、JB/T 8018.3－1999（调整 V 形块）、JB/T 8018.4－1999（活动 V 形块）。

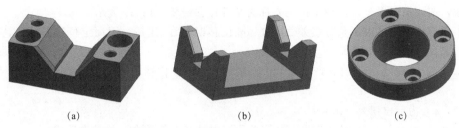

图 1.28　以外圆柱面定位的定位元件
（a）固定 V 形块；（b）长圆柱面 V 形块；（c）圆形定位套

5. 定位误差分析

要使一批工件在夹具中占有准确的加工位置，还必须对一批工件在夹具中定位的定位误差进行分析计算。根据定位误差的大小判断定位方案能否保证加工精度，从而证明该方案的可行性。定位误差也是夹具误差的一个重要组成部分，因此，定位误差的大小往往成为评价一个夹具设计质量的重要指标，也是合理选择定位方案的重要依据。根据定位误差分析计算的结果，便可看出影响定位误差的因素，从而找到减少定位误差和提高夹具工作精度的途径。由此可见，分析计算定位误差是夹具设计中的一个十分重要的环节。

定位误差分析

造成定位误差的原因有定位基准与工序基准不重合以及定位基准的位移误差两个方面。

（1）基准不重合误差。由于定位基准与工序基准不重合而造成的定位误差，称为基准不重合误差，用 Δ_B 表示。图 1.29（a）所示为一工件的铣削加工工序简图，图 1.29（b）所示为其定位简图。加工尺寸 L_1 的工序基准是 E 面，而定位基准是 A 面，这种定位基准与工序基准的不重合，将会因它们之间的尺寸 L_2 的误差给工序尺寸 L_1 造成定位误差。由图 1.29（b）可知，基准不重合误差的表达式为

$$\Delta_B = L_{2\max} - L_{2\min}$$

式中，Δ_B 仅与基准的选择有关，故通常在设计时遵循基准重合原则，即可防止产生 Δ_B。图 1.29 中的工序尺寸 H_1，其工序基准与定位基准均为 B 面，即基准重合，基准不重合误差为零。

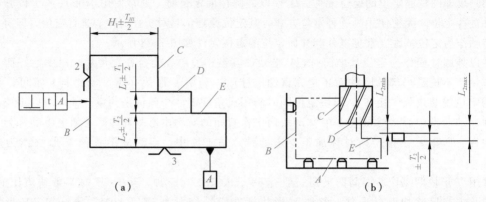

图 1.29　基准不重合误差

（2）基准位移误差。工件在夹具中定位时，由于定位副（工件的定位表面与定位元件的工作表面）的制造误差和最小配合间隙的影响，使定位基准在加工方向上产生位移，导致各个工件位置不一致，造成加工误差，这种定位误差称为基准位移误差，用 Δ_Y 表示。

由于定位误差由基准不重合误差 Δ_B 和基准位移误差 Δ_Y 组成。因而定位误差的表达式有以下几种情况：

（1）当 $\Delta_B=0$，$\Delta_Y\neq0$ 时，产生定位误差的原因是基准位移，故其表达式为

$$\Delta_D=\Delta_Y$$

式中，Δ_D 为定位误差（mm）。

（2）当 $\Delta_B\neq0$，$\Delta_Y=0$ 时，产生定位误差的原因是基准不重合，故其表达式为

$$\Delta_D=\Delta_B$$

（3）当 $\Delta_B\neq0$，$\Delta_Y\neq0$ 时，如果工序基准不在定位基准面上，则其表达式为

$$\Delta_D=\Delta_Y+\Delta_B$$

如果工序基准在定位基准面上，则其表达式为

$$\Delta_D=\Delta_Y-\Delta_B$$

"＋""－"号的判定方法：当定位基准面变化时，分析工序基准随之变化所引起 Δ_Y 和 Δ_B 变动方向是相同还是相反。两者相同时为"＋"号，两者相反时为"－"号。

6. 定位误差的计算

不同的定位方式，其基准位移误差的计算方法也不同。

（1）工件以内孔定位。工件以内孔定位是指用圆柱定位销、圆柱心轴中心定位。当圆柱定位销、圆柱心轴与被定位的工件内孔为过盈配合时，不存在间隙，定位基准（内孔轴线）相对定位元件没有位置变化，则 $\Delta_Y=0$；当圆柱定位销、圆柱心轴与被定位的工件内孔为间隙配合时，如图 1.30 所示，由于间隙的影响，会使工件的中心发生偏移，其偏移量即为最大配合间隙，基准位移误差可按下式计算

$$\Delta_Y=X_{\max}=\delta_D+\delta_d+X_{\min}$$

式中，$X_{\max}$ 为定位副最大配合间隙（mm）；δ_D 为工件定位基准孔的直径公差（mm）；δ_d 为圆柱定位销或圆柱心轴的直径公差（mm）；$X_{\min}$ 为定位副所需最小间隙（mm），由设计时确定。

（2）工件以平面定位。由于工件定位面与定位元件工作面以平面接触时，两者的位置不会发生相对变化，因而认为其基准位移误差为零，即 $\Delta_Y=0$。

（3）工件以外圆柱定位。V 形块是一种对中定位元件，当 V 形块和工件外圆制造得非常精确时，这时外圆中心应在 V 形块理论中心位置上，即两基准重合而没有基准位移误差。但是实

际上对于一批工件而言外圆直径是有偏差的，当外圆直径由 D_{max} 减少到 D_{min} 时，如图 1.31 所示，定位基准相对定位元件发生位置变化，因而产生垂直方向的基准位移误差 Δ_Y，即

$$\Delta_Y = OO' = OE - O'E = \frac{D_{max}}{2\sin\frac{\alpha}{2}} - \frac{D_{min}}{2\sin\frac{\alpha}{2}} = \frac{T(D)}{2\sin\frac{\alpha}{2}}$$

式中，$T(D)$ 为工件定位基准的直径公差（mm）；α 为 V 形块两斜面夹角（°）。

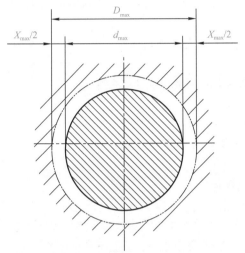

图 1.30　对工件位置公差的影响

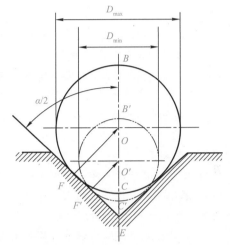

图 1.31　工件以外圆柱定位

1.2.2　动脑想一想

1. 填空题

（1）由刚体运动的规律可知，在空间一个自由刚体有且仅有_____个自由度。

（2）工件在夹具中定位时，若几个定位支承点_____限制同一个或几个自由度，称为过定位。

（3）要确定零件上点、线、面的位置，必须以一些指定的点、线、面作为依据，这些作为依据的点、线、面称为_____。

（4）工艺基准是指在制造零件和装配机器的过程中所使用的基准。工艺基准又分为_____、_____、_____和_____。

（5）在最初的每一道工序中，只能用毛坯上未经加工的表面作为定位基准，这种定位基准称为_____。经过加工的表面所组成的定位基准称为_____。

（6）定位误差产生的原因是_____和_____。

（7）表示工件空间位置的不定度的符号是_____。

（8）对于箱类工件的定位，夹具上常设置三个不同方向上的定位基准形成一个空间定位体系，称为_____。

（9）在夹具中，采用长 V 形块作为工件上圆柱表面的定位元件时，可消除工件的_____个不定度，其中包括_____个移动不定度和_____个转动不定度。

（10）对于轴类工件的定位，夹具一般以轴向尺寸较大的 V 形块的两个斜面与工件支承轴颈相接触，形成不共面的_____点约束。

（11）为保证轴类工件前后工序的基准统一，一般在车床上采用_____的装夹模式。

（12）任何条件下对工件的定位，所消除的不定度数不得少于_____个，否则工件就不会得到稳定的位置。

（13）工件在夹具中，六个不定度全部被消除的定位，称为_____。

（14）一般情况下，当工件的工序内容在 X、Y、Z 三个坐标轴方向上均有尺寸或几何精度要求时，需要在加工工位上对工件施行_____定位。

（15）在平行六面体上铣削通槽的键槽，需要消除_____个不定度以满足加工要求。

（16）工件实际定位所消除的不定度数少于按其加工要求所必须消除的不定度数的，称为_____。

（17）由于夹具上的定位支承点布局不合理，将造成重复消除工件的一个或几个不定度的现象，这种重复消除工件不定度的定位称为_____。

（18）_____支承不起定位作用，但能提高工件的安装刚度及稳定性。

（19）工件上常被选作定位基准的表面形式包括_____、_____、_____和_____其他成型面及其组合。

（20）工件以平面定位时，所用的定位元件一般称为支承件。支承件分为_____和_____两类。

（21）定位误差一般由两部分组成：_____误差和_____误差。

（22）基准不重合误差值的大小等于_____尺寸公差在_____尺寸方向上的投影。

（23）要清除基准不重合误差，就必须使_____基准与_____重合。

（24）采用夹具定位时，由于工件_____与_____元件不可避免地存在制造误差或者配合间隙，致使工件定位基准在夹具中相对于定位元件工作表面的位置产生位移，从而形成基准位移误差。

2. 判断题

（1）如果工件被夹紧了，那么它也就被定位了。（　　）

（2）三个点可以消除工件的三个自由度。（　　）

（3）重复定位在生产中是可以出现的。（　　）

（4）当工件以平面定位时，三个点应该不在同一直线上。（　　）

（5）夹具的定位误差应该大于工序公差的三分之一。（　　）

（6）为了保证加工精度，所有的工件加工时必须消除其全部自由度，即进行完全到位。（　　）

（7）对已加工的面，为了增加工件的刚度，有利于加工，可以采用三个以上的等高支承块。（　　）

（8）根据工序的具体加工要求，正确分析影响工件定位的不定度对夹具设计至关重要。（　　）

（9）机械加工是通过刀具和工件之间的相对运动来完成的。（　　）

（10）在平行六面体上铣削不通键槽时，无须消除工件的全部不定度。（　　）

（11）工件位置具有的不定度越少，说明工件的空间位置的确定性越差。（　　）

（12）工件加工需要进行完全定位时，其夹具定位元件应使工件的全部六个不定度都得到相应定位点的约束限制。（　　）

（13）通常来说，在夹具定位方案设计中，不完全定位的例子比较少见。（　　）

（14）工件的某些不定度不便清除，甚至无法消除时，应考虑采用不完全定位方案。（　　）

（15）在某些欠定位情况下进行加工，仍然能保证工序所规定的加工要求。（ ）

（16）工件在夹具中定位时，如重复消除工件一个或几个不定度，可能会使工件定位不稳定，降低加工精度。（ ）

（17）欠定位不能保证加工精度要求，在确定工件的定位方案时，不允许发生欠定位这样的原则性错误。（ ）

（18）在确定工件的定位方案时，应尽量避免重复定位。但在机械加工生产中，常采用重复定位。（ ）

（19）对于重复定位现象是否允许，不能单凭形式上的分析予以肯定或否定，应根据具体情况具体分析。（ ）

（20）工件定位时，除了尽可能使定位基准与工序基准重合、定位符合六点定则外，还要合理选用定位元件。（ ）

（21）设计夹具时，定位基准一旦选定，定位基准的表面形式将成为选用定位元件的主要依据。（ ）

（22）工件在夹具中定位时，一般允许将工件直接放在夹具体上。（ ）

（23）由于定位元件经常与工件接触而易磨损，所以必须具有足够的刚度和强度。（ ）

（24）一般来说，对定位元件最基本的要求是它长期保持尺寸精度和几何精度。（ ）

（25）为提高工件的定位精度，定位元件在布局上应尽量增大距离，以减少工件的转角差。（ ）

（26）常用支承钉中，B 型球头支承钉常用于侧面定位。（ ）

（27）支承钉和支承板的支承高度为活动式，可根据定位精度要求调整。（ ）

（28）自位支承在支承部位提供了两个点的约束，所以它可消除两个移动不定度。（ ）

（29）常用自位支承中，球面副浮动结构的浮动头摩擦力小，摆动灵敏度高，适用于轻载。（ ）

（30）可调支承是指支承高度可以调节的定位支承，它不能消除工件的不定度。（ ）

（31）从可调支承的三个基本功能考虑，一般的普通圆柱体螺钉及部分紧定螺钉均可用于可调支承。（ ）

（32）盘套类工件常以孔中心线作为定位基准，与一个端面组合定位。（ ）

（33）自动定心夹紧心轴的前后支承部共可消除工件的四个不定度，轴肩部清除工件的一个移动不定度和一个转动不定度。（ ）

（34）作为一种标准心轴，锥度心轴在高精度定位中应用广泛。（ ）

（35）V 形块可以做成活动定位结构，起到定心夹紧的作用。（ ）

（36）半圆孔形衬套作为定位元件时，下半圆孔的最小直径应取小于工件定位基准外圆的直径值。（ ）

（37）由于定位元件及工件定位基准面本身制造误差的存在，使得一批参与定位的工件在夹具中的位置可能发生变化。（ ）

（38）一般情况下，用已加工的平面做定位基准面时，因表面不平整所引起的基准位移误差较小，在分析计算误差时可以不予考虑。（ ）

（39）工件以平面定位时，基准位移误差是由定位表面的平面度误差引起的。（ ）

（40）基准不重合误差、基准位移误差均为具有方向的矢量。（ ）

（41）工件以外圆柱面在 V 形块上定位时，外圆直径的公差一定时，基准位移误差随 V 形块的工作角度增大而增大。（ ）

（42）工件以圆柱孔与心轴固定单边接触方式定位时，$X_{\min}$ 是不变的常量，属于常值系统误

差。（　　）

3. 选择题

（1）在机械制造中，工件的六个自由度全部被限制而在夹具中占有完全确定的唯一位置，称为（　　）定位。

A. 完全定位　　　　　B. 不完全定位　　　　C. 过定位　　　　　D. 欠定位

（2）加工时确定零件在机床或夹具中位置所依据的那些点、线、面称为（　　）基准，即确定被加工表面位置的基准。

A. 工序　　　　　　　B. 定位　　　　　　　C. 测量　　　　　　D. 装配

（3）常见典型定位方式很多，当采用宽 V 形块或两个窄 V 形块对工件外圆柱面定位时，限制自由度的数目为（　　）个。

A. 1　　　　　　　　　B. 2　　　　　　　　　C. 3　　　　　　　　D. 4

（4）通过工件表面（例如 XOY 面）与三个定位点的接触，可消除工件位置的（　　）不定度。

A. $\vec{X}$、$\vec{Y}$、$\vec{Z}$　　　　　　　　　　B. $\overset{\frown}{X}$、$\overset{\frown}{Y}$、$\overset{\frown}{Z}$

C. $\overset{\frown}{Y}$、$\overset{\frown}{Z}$、$\vec{X}$　　　　　　　　　　D. $\overset{\frown}{Y}$、$\overset{\frown}{Z}$、$\vec{X}$

（5）长圆柱工件在长套筒中定位，可消除（　　）不定度。

A. 两个移动　　　　　　　　　　　B. 两个转动

C. 两个移动和两个转动　　　　　　D. 一个转动和三个移动

（6）当工件以加工过的平面与定位平面接触时，可消除工件的（　　）个不定度。

A. 两　　　　　　　　B. 三　　　　　　　　C. 四　　　　　　　　D. 五

（7）用短圆柱销作为工件上圆柱孔的定位元件时，可消除工件的（　　）个不定度。

A. 两　　　　　　　　B. 三　　　　　　　　C. 四　　　　　　　　D. 五

（8）在平行六面体上表面加工一圆柱通孔，需消除（　　）个不定度方可满足加工条件。

A. 两　　　　　　　　B. 三　　　　　　　　C. 四　　　　　　　　D. 五

（9）一般来说，对于盘类工件，考虑到安装的稳定性及夹紧可靠，常以其较大的端面作为（　　）。

A. 第一定位基准面　　　　　　　　B. 第二定位基准面

C. 第三定位基准面　　　　　　　　D. 定心基准

（10）圆柱体在短 V 形块上定位时，可清除（　　）不定度。

A. 三个　　　　　　　　　　　　　B. 一个

C. 两个移动　　　　　　　　　　　D. 两个转动

（11）轴套工件以短圆柱销定位时，可消除（　　）不定度。

A. 两个转动　　　　　　　　　　　B. 两个移动

C. 一个转动、一个移动　　　　　　D. 任意两个

（12）圆柱体以短圆锥套定位时，可消除（　　）不定度。

A. 三个移动　　　　　　　　　　　B. 三个转动

C. 一个移动、两个转动　　　　　　D. 一个转动、两个移动

（13）消除工件不定度数少于六个仍可满足加工要求的定位称为（　　）。

A. 完全定位　　　　　　　　　　　B. 不完全定位

C. 欠定位　　　　　　　　　　　　D. 重复定位

（14）下列说法中，正确的是（　　）。

A. 任何情况下都必须消除工件的六个不定度

B. 一般来说，只要相应地消除那些对于本工序加工精度有影响的不定度即可

C. 不允许采用不完全定位方案

D. 欠定位方案有时也可采用

(15) 在平行六面体上铣削不通键槽时，应采用（　　　　）方案。

A. 完全定位　　　　　　　　　　　B. 不完全定位

C. 重复定位　　　　　　　　　　　D. 欠定位

(16)（　　　　）是允许采用不完全定位的原因。

A. 某些不定度的存在不影响加工要求

B. 某些不定度不便消除

C. 某些不定度无法消除

D. 为了提高定位精度

(17) 重复定位会产生除（　　　　）以外的不良后果。

A. 工件定位不稳定，增加了同批工件在夹具中位置的不一致性

B. 影响定位精度，降低加工精度

C. 影响加工表面的表面粗糙度

D. 工件或定位元件受外力后产生变形，以致无法夹紧或安装、加工

(18) 下列方案中，（　　　　）不是避免重复定位的措施。

A. 长心轴与小端面支承凸台组合对轴套工件定位

B. 短心轴与大端面支承凸台组合对轴套工件定位

C. 长心轴与浮动端面组合对轴套工件定位

D. 锥度心轴对轴套工件定位

(19) 利用工件已精加工且面积较大的平面定位时，应选用的基本支承是（　　　　）。

A. 支承钉　　　　　　　　　　　　B. 支承板

C. 自位支承　　　　　　　　　　　D. 可调支承

(20) 下列说法中，正确的是（　　　　）。

A. A型支承钉为平头支承钉，适用于已加工平面的定位

B. A型支承钉为球头支承钉，适用于工件毛坯表面的定位

C. B型支承钉为球头支承钉，适用于已加工平面的定位

D. B型支承钉为齿纹头结构，常用于侧面定位

(21) 工件上幅面较大、跨度较大的大型精加工平面，常被用作第一定位基准面，为使工件安装稳固可靠，大多选用（　　　　）来体现夹具上定位元件的定位表面。

A. 支承板　　　　　　　　　　　　B. 支承钉

C. 可调支承　　　　　　　　　　　D. 辅助支承

(22) 下列说法中，正确的是（　　　　）。

A. A型支承板为平面型支承板，此种结构有利于清理切屑

B. B型支承板为带屑槽式支承板，多用于工件的侧面、顶面及不易存屑方向上的定位

C. A型支承板为平面型支承板，多用于工件的侧面、顶面及不易存屑方向上的定位

D. B型支承板为带屑槽式支承板，此种结构有利于清理切屑

(23)（　　　　）适用于工件支承空间比较紧凑的地方。

A. 六角头支承　　　　　　　　　　B. 顶压支承

C. 圆柱头调节支承　　　　　　　　D. 调节支承

(24) 由于圆柱头调节支承结构中的滚花手动调节螺母具有手动快速调节功能，所以（　　）也经常用作辅助支承元件。

A. 六角头支承
B. 顶压支承
C. 圆柱头调节支承
D. 调节支承

(25)（　　）适用于工件支承部位空间尺寸较大的情况。

A. 六角头支承
B. 顶压支承
C. 四柱头调节支承
D. 调节支承

(26)（　　）一般应用于重载条件下。

A. 六角头支承
B. 顶压支承
C. 圆柱头调节支承
D. 调节支承

(27) 下列说法中，正确的是（　　）。

A. 辅助支承不起定位作用，即不消除工件的不定度
B. 辅助支承不但能提高工件的安装刚度及稳定性，而且能消除工件的不定度
C. 辅助支承虽然消除工件的不定度，但不能起定位作用
D. 辅助支承可消除工件的不定度，但消除的不定度数量不定

(28)（　　）自位支承多用于轻荷载情况下的高精度定位。

A. 球面副浮动结构
B. 球面锥座式浮动结构
C. 摆动杠杆式浮动结构
D. 固定杠杆式浮动结构

(29) 夹具上为圆孔提供的常用定位元件主要有（　　）四大类。

A. 小定位销、定位心轴、锥销及各类自动定心结构
B. 固定式定位销、定位心轴、锥销及各类自动定心结构
C. 可换定位销、定位心轴、锥销及各类自动定心结构
D. 定位销、定位心轴、锥销及各类自动定心结构

(30)（　　）常用来对内孔尺寸较大的套筒类、盘盖类工件进行安装。

A. 定位心轴
B. 定位销
C. 锥销
D. 各类自动定心结构

(31) 定位中的顶尖不产生轴向移动时，对工件起（　　）个点的约束作用，消除（　　）个移动不定度。

A. 三、一
B. 两、两
C. 三、三
D. 三、两

(32) 定心精度高是（　　）的最大特点。

A. 间隙配合心轴
B. 过盈配合心轴
C. 锥度心轴
D. 所有心轴

(33) 当工件以局部外圆柱面参与定位时，（　　）往往成为首选定位元件。

A. V形块
B. 平面
C. 圆柱孔
D. 轴套

(34) 箱体类工件常用的定位方式是（　　）。

A. 一个平面和两个圆柱孔组合
B. 两个圆锥孔（或中心孔）
C. 一个平面和一个外圆柱面组合
D. 一个平面和一个圆柱孔组合

(35)（　　）是指一批工件定位时，被加工表面的工序基准在沿工序尺寸方向上的最大可能变动范围。

A. 基准位移误差
B. 定位误差

  C. 基准不重合误差　　　　　　　　D. 加工误差

（36）当定位尺寸由一组尺寸组成时，定位尺寸公差可按尺寸链原理求出，即定位尺寸公差等于这一尺寸链中（　　　）。

  A. 所有增环公差之和　　　　　　　B. 所有减环公差之和

  C. 所有组成环公差的平均值　　　　D. 所有组成环公差之和

（37）下列说法中，（　　　）是错误的。

  A. 基准不重合误差的大小，只取决于工件定位基准的选择，而与其他因素无关

  B. 要减小基准不重合误差，就必须提高两基准之间的制造精度

  C. 要消除基准不重合误差，就必须使定位基准与工序基准重合

  D. 基准不重合误差不可能被消除

（38）求解基准位移误差的关键在于找出（　　　）在夹具中相对于定位元件工作表面的位置在工序尺寸方向上的最大移动量。

  A. 设计基准　　　　　　　　　　　B. 定位基准

  C. 工序基准　　　　　　　　　　　D. 定位表面

（39）（　　　）称为夹具误差不等式，是夹具设计中应遵守的一个基本关系式。

  A. $\Delta_D + \Delta_{对定} + \Delta_{过程} \leqslant T$　　　　　　B. $\Delta_{安装} + \Delta_{对定} + \Delta_{过程} \leqslant T$

  C. $\Delta_J + \Delta_{对定} + \Delta_{过程} \leqslant T$　　　　　　D. $\Delta_D + \Delta_J + \Delta_{过程} \leqslant T$

（40）基准不重合误差用符号（　　　）表示，基准位移误差用符号（　　　）表示。

  A. Δ_B　　Δ_Y　　　　　　　　　　B. Δ_A　　Δ_Y

  C. Δ_Y　　Δ_B　　　　　　　　　　D. Δ_Y　　Δ_A

4. 简答题

（1）工件在夹具中定位夹紧的任务是什么？

（2）什么是六点定位原则？

（3）什么是欠定位？为什么不能采用欠定位？

（4）工件在夹具中定位，一定要消除六个不定度吗？为什么？

（5）试说明图1.32所示工件定位时应分别消除哪些不定度。

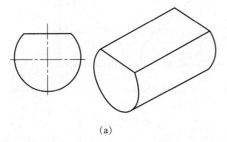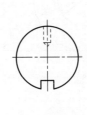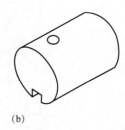

(a)　　　　　　　　　　　　　　(b)

图1.32　题4（5）图

(a) 铣削平面；(b) 钻不通孔

（6）分析图1.33中定位元件限制了哪些自由度，说明是否合理，以及不合理处如何改进。

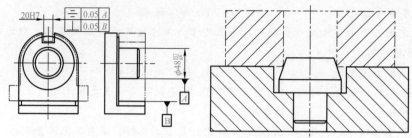

图 1.33 题 4（6）图

（7）分析图 1.34 中各定位方案中定位元件所限制的自由度，并分别指出属于哪种定位方式。

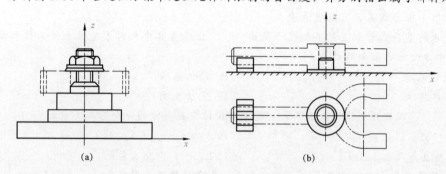

（a）

（b）

图 1.34 题 4（7）图

（a）滚齿心轴定位；（b）拨叉零件定位

5. 计算题

（1）如图 1.35 所示，在套筒零件上铣键槽，已知内孔和外圆的同轴度误差不大于 0.02，要保证尺寸及对称度，现在有三种方案，试计算三爪不同定位方案的定位误差，并从中选择最优方案。

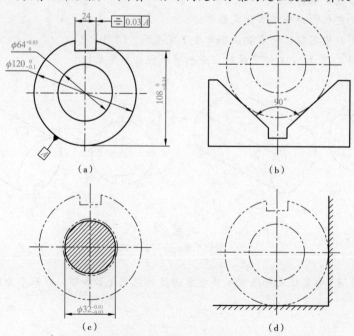

（a）

（b）

（c）

（d）

图 1.35 题 5（1）图

（a）铣键槽；（b）定位方案一；（c）定位方案二；（d）定位方案三

（2）采用如图 1.36 所示的定位方式，铣削连杆的两个侧面，计算加工尺寸的定位误差。

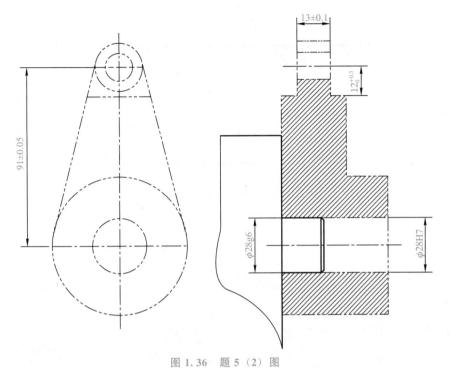

图 1.36　题 5（2）图

（3）采用如图 1.37 所示的定位方式镗削加工 $\phi30\mathrm{H}7$ 孔时，试计算定位误差。

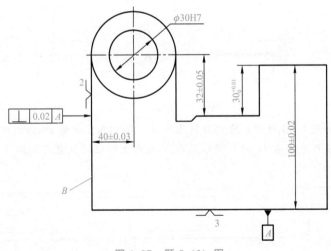

图 1.37　题 5（3）图

（4）图 1.38 所示的阶梯形工件，已知 A、B、C 三个平面已于前道工序加工完成，现要镗 $\phi50\ \mathrm{mm}$ 孔。如果用 B 面做定位基准，虽可使基准重合，但由于 B 面太小，定位不够稳定，现选取 C 面作为定位基准，试求其定位误差，并判断能否满足加工要求。

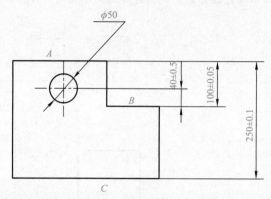

图 1.38　题 5 (4) 图

(5) 某工件的定位方案如图 1.39 所示，试求加工尺寸 A 的定位误差。

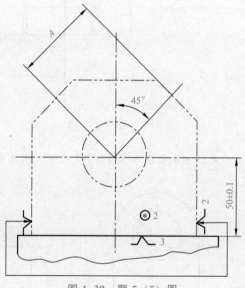

图 1.39　题 5 (5) 图

(6) 某阶梯轴如图 1.40 所示，阶梯外圆已车好，现要在直径为 D_1 的圆柱上铣一键槽，由于该段圆柱很短，故采用直径为 D_2 的长网柱放在 V 形块上定位，试求定位误差。

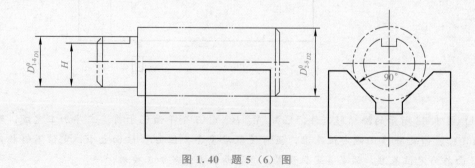

图 1.40　题 5 (6) 图

任务 1.3 认识导向元件

 学习目标

知识目标：

掌握导向元件在夹具中的作用。

技能目标：

1. 认识孔加工导向元件；

2. 认识镗加工导向元件；

3. 认识对刀导向元件。

素养目标：

初步具备导向元件设计思维。

认识导向元件

1.3.1 用心学一学

导向元件的基本作用是在切削加工中将刀具对准正确的加工路线，保证刀具在切削过程中始终保持正确的轨迹进行切削。常用的导向元件主要是钻削加工和镗削加工所用的钻套和镗套。

1. 钻套

在钻削加工中，具体的加工方式包括钻孔、扩孔、铰孔和孔螺纹加工（攻丝）等。无论其中的哪一种加工方式，为了保证加工位置的准确性和加工的稳定性，都会用到钻套这种引导元件。钻套按其使用方式的不同分为固定钻套、可换钻套、快换钻套和定位衬套。常见钻套结构如图 1.41 所示。

固定钻套直接安装在夹具体上，使用时保持固定不动；通常用于批量不大，使用频率不高或小孔径的钻削加工中。固定钻套通常采用以 H7/n6 或者 H7/r6 配合直接压入钻模或者夹具体。

可换钻套一般是通过衬套安装在夹具体上的，使用时通常需要更换。可换钻套与衬套之间常采用 H5/g5 或 H7/g6 配合，衬套与钻模板常用 H7/n6 或 H7/r6 配合。

快换钻套一般也是通过衬套安装在夹具体上的，使用时需要经常更换。

定位衬套是用来连接夹具体和钻套的元件。

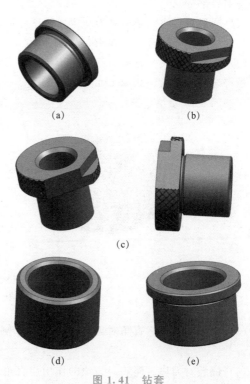

(a)

(b)

(c)

(d)

(e)

图 1.41 钻套

(a) 固定钻套；(b) 可换钻套；(c) 快换钻套；

(d) A 型定位衬套；(e) B 型定位衬套

2. 镗套

镗套一般是通过镗套用衬套安装在镗刀架体上,当镗削不同孔径的孔时可以随时更换。常见镗套结构如图1.42所示。

(a)   (b)   (c)

图1.42 镗套及其衬套

(a) A型镗套;(b) B型镗套;(c) 镗套用衬套

3. 对刀元件

夹具在机床上安装完毕,在进行加工之前,一般需要调整刀具相对夹具定位元件的位置关系,以保证刀具相对工件处于正确的位置,这个过程称作夹具的对刀。为了方便快速地完成对刀操作,可通过对刀装置来确定。从结构上看,对刀装置主要由基座、对刀块和塞尺组成,其中对刀块是主要部分。

(1) 圆形对刀块。圆形对刀块主要用于将回转类刀具的旋转轴对准工件的加工中心点,以保证刀具的切削路径符合加工要求,如图1.43(a) 所示。

(2) 方形对刀块。方形对刀块用于将各类刀具的基准点对准工件的切削基准面,以保证刀具的路径符合加工要求,如图1.43(b) 所示。

(a)   (b)

图1.43 对刀块

(a) 圆形对刀块;(b) 方形对刀块

(3) 直角对刀块。直角对刀块用于将刀具侧面的基准点对准工件的切削基准面,如图1.44所示。

(4) 侧装对刀块。侧装对刀块的作用与直角对刀块是一样的,也是用于将刀具侧面的基准点对准工件的切削基准面,只不过是将其安装在夹具体的侧面上,如图1.45所示。

图 1.44 直角对刀块

图 1.45 侧装对刀块

1.3.2 动脑想一想

1. 填空题

(1) 钻套按其使用方式的不同分为＿＿＿＿＿、＿＿＿＿＿、＿＿＿＿＿和＿＿＿＿＿。

(2) 在钻削加工中，使用钻套是为了保证＿＿＿＿＿和＿＿＿＿＿。

(3) 圆形对刀块主要用于将回转类刀具的旋转轴对准工件的＿＿＿＿＿，以保证刀具的切削路径符合加工要求。

(4) 固定钻套通常采用以＿＿＿＿＿或者＿＿＿＿＿配合直接压入钻模或者夹具体。

(5) 可换钻套与衬套之间常采用＿＿＿＿＿或＿＿＿＿＿配合，衬套与钻模板常用＿＿＿＿＿或＿＿＿＿＿配合。

2. 选择题

(1) 夹具的对刀装置主要由（　　）、（　　）和（　　）组成。

A. 对刀块　底座　塞尺　　　　　　　　B. 对刀块　基座　塞尺

C. 对刀块　基座　量块　　　　　　　　D. 对刀块　底座　量块

(2) 通过（　　）导向刀具进行加工是钻模的主要特点。

A. 固定钻套　　　B. 钻套　　　　C. 可换钻套　　　　D. 快换钻套

(3)（　　）用于完成一道工序需连续更换刀具的场合，如同一个孔须经多个加工工步（如钻、扩、铰等）。

A. 固定钻套　　　B. 快换钻套　　　C. 可换钻套　　　D. 特殊钻套

3. 分析图

如图 1.46 所示，零件在大批量加工 $\phi18$ 和 $\phi36$ 的孔时，如何分别选取导向元件？

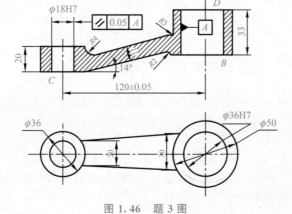

图 1.46 题 3 图

任务1.4 认识夹紧元件

学习目标

知识目标：

1. 了解各夹紧元件的工作原理；
2. 掌握夹紧力的分析计算。

技能目标：

1. 认识常见的夹紧元件；
2. 能设计加工零件的夹紧受力方式。

素养目标：

1. 认识常见夹紧元件；
2. 养成良好的设计素养。

认识夹紧元件

1.4.1 用心学一学

夹紧元件是夹紧装置的最终执行元件，与工件直接接触完成夹紧任务。

1. 夹紧力的确定

夹紧力的三要素包括方向、大小和作用点。确定这些要素，要分析工件的结构特点、加工要求、切削力和其他外力作用工件的情况，以及定位元件的结构和布置方式。

（1）夹紧力的方向。

1）夹紧力的方向应有助于定位稳定，应朝向主要限位面。对工件只施加一个夹紧力或施加几个方向相同的夹紧力时，夹紧力的方向应尽可能朝向主要限位面，对于施加几个方向不同的夹紧力时，朝向主要限位面的夹紧力应该是主要夹紧力，如图1.47所示。

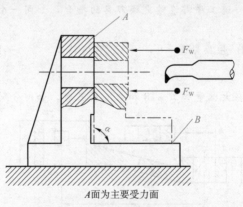

A面为主要受力面

图1.47 工件各个方向受力

夹紧力

2）夹紧力的方向应有助于减少夹紧力。图1.48（a）中夹紧力F_w、切削力F和重力G同向时，所需夹紧力最小；图1.48（d）中需要由夹紧力产生的摩擦力来克服重力和切削力，故需要的夹紧力最大。在实际生产中，满足夹紧力F_w、切削力F和重力G同向的情况并不多，在实际设计中需要具体分析，如图1.48所示。

3）夹紧力的方向应该是工件刚度较高的方向。如图 1.49 所示，薄壁件径向刚度差而轴向刚度好，可采用图 1.49（b）方案，可避免工件发生严重的夹紧变形。

（2）夹紧力的作用点。

1）夹紧力的作用点应落在定位工件的支撑范围内。夹紧力的作用点落在定位工件支撑范围之外，夹紧时将破坏工件的定位，如图 1.50 所示。

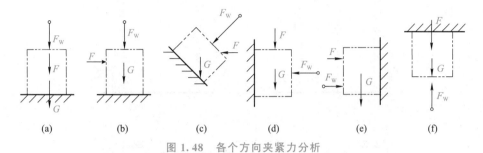

图 1.48　各个方向夹紧力分析

（a）最合理；（b）较合理；（c）可行；（d）不合理；（e）较不合理；（f）最不合理

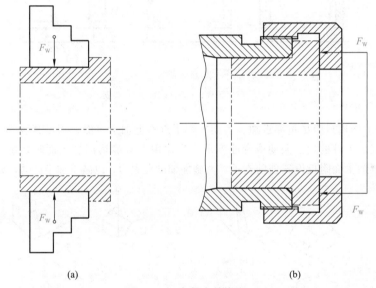

图 1.49　夹紧力的方向

（a）径向夹紧；（b）轴向夹紧

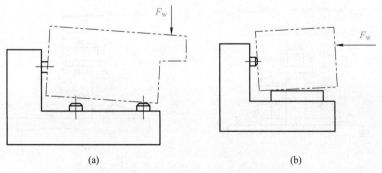

图 1.50　夹紧力对工件定位的影响

（a）夹紧作用点位置错误之一；（b）夹紧作用点位置错误之二

2）夹紧力的作用点应选在工件刚度较高的部位。夹紧力的作用点会使工件产生较大的变形，夹紧力作用点选在工件刚度较高的部位可减轻工件变形，如图 1.51 所示。

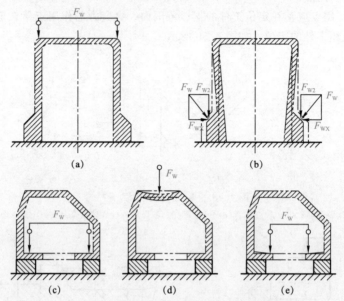

图 1.51　夹紧力的作用点应选在工件刚度较高的部位
(a)、(c) 正确；(b)、(d)、(e) 错误

3）夹紧力的作用点应尽量靠近加工表面。作用点靠近加工表面，可以减少切削力对夹紧点的力矩，防止或减少工件的加工振动或弯曲变形。当作用点只能远离加工面时，造成工件装夹刚度较差，应在靠近加工面附近设置辅助支承，并施加辅助夹紧力，以减少加工振动，如图 1.52 所示。

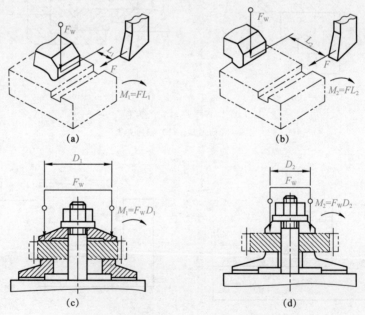

图 1.52　夹紧力的作用点应尽量靠近加工表面
(a)、(c) 合理；(b)、(d) 不合理

（3）夹紧力的大小。理论上，夹紧力的大小应与作用在工件上的其他力或者力矩相平衡，而实际上，夹紧力的大小还与工艺系统的刚度、夹紧机构的传动效率等因素有关，计算是很复杂的，因此，实际设计中经常采用估算法、类比法和实验法来确定所需的夹紧力大小。

当采用估算法确定夹紧力的大小时，为简化计算，通常将夹具和工件看成一个刚体，根据工件所受切削力、夹紧力，大型工件还应考虑重力和惯性力等力的作用情况，找出加工过程中对夹紧最不利的状态，按静力平衡原理计算出理论的夹紧力，最后再乘以安全系数作为实际的夹紧力。即

$$F_{WK} = K F_w$$

式中，F_{WK} 为实际所需的夹紧力；F_w 为在一定条件下，由静力平衡算出的理论夹紧力；K 为安全系数。

安全系数 K 计算：

$$K = K_0 K_1 K_2 K_3$$

通常情况下 $K = 1.5 \sim 2.5$，当夹紧力与切削力方向相反时，$K = 2.5 \sim 3$。

各种因素的安全系数见表1.1。

表 1.1　各种因素的安全系数

考虑因素		系数值
基本安全系数 K_0（考虑工件材质，余量是否均匀）		$1.2 \sim 1.5$
加工性质系数 K_1	粗加工	1.2
	精加工	1.0
刀具钝化系数 K_2		1.1
切削特点系数 K_3	连续切削	1.0
	断续切削	1.2

2. 减少夹紧变形的方法

工件在夹具中夹紧时，夹紧力通过工件传至夹具的定位位置，如图1.53所示，造成工件及其定位基准面和夹具变形，工件夹紧时弹性变形产生圆度误差 Δ 和工件定位基面与夹具支撑面之间接触变形产生加工尺寸误差 Δ_y。由于弹性变形计算复杂，故在夹具设计中不宜做定量计算，主要是采用各种措施来减少夹紧变形对加工的影响。

（1）合理确定夹紧力的方向、作用点和大小。如图1.54（a）所示，三点夹紧工件的变形是六点夹紧的几倍。如图1.54（b）所示，在薄壁件与压板增设一递力垫圈，变集中力为均布力，以减少工件的径向变形。

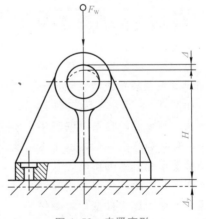

图 1.53　夹紧变形

（2）在可能条件下采用机动夹紧，并使各接触面上所受的单位压力相等。如图1.55所示，工件在夹紧力 F_w 的作用下，各接触面处压力不等，接触变形不同，从而造成定位基准面倾斜，当以三个支承钉定位时，如果夹紧力作用在 $2L/3$ 处，则可使每个接触面都承受相同大小的夹紧力，或采用不同的接触面积，使单位面积上的压力相等，均可避免工件倾斜现象。

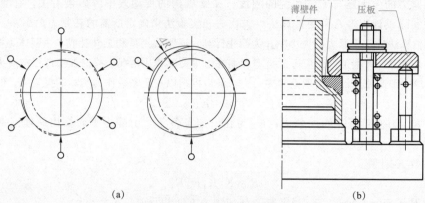

(a)　　　　　　　　　　(b)

图 1.54　薄壁件夹紧变形示意

(a) 不同点夹紧变形；(b) 加递力垫圈，减少径向变形

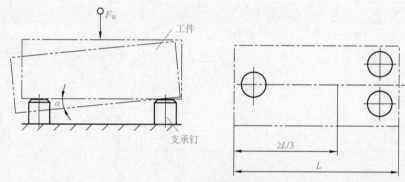

图 1.55　夹紧力作用点设置

（3）提高工件和夹具元件的装夹刚度。

1）对于刚度差的工件，应采用浮动夹紧装置或增设辅助支承。如图 1.56 所示，因工件形状特殊，刚度低，右端薄壁若不夹紧，势必会产生振动，由于右端薄壁受尺寸公差的影响，其位置不固定，因此，必须采用浮动夹紧才不会引起工件变形，确保工件有较高的装夹刚度。

2）改善接触面的形状，提高接合面的质量，如提高接合面硬度，降低表面粗糙度值，必要时经过预压等。

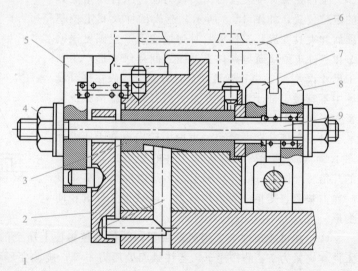

图 1.56　浮动式螺旋压板机构

1—滑柱；2—杠杆；3—套筒；4—螺母；5—压板；

6—工件；7、8—浮动卡爪；9—拉杆

3. 压块的设计

(1) 光面压块。光面压块用于夹紧表面小且比较光滑的工件。结构如图 1.57 (a) 所示。

(2) 槽面压块。槽面压块可用于夹紧表面大且比较粗糙的工件。结构如图 1.57 (b) 所示。

(3) 圆压块。圆压块是具有浮动作用的压块，其特点是当工件在夹紧时可根据表面的倾斜角度而发生改变，从而更可靠地压紧工件。结构如图 1.57 (c) 所示。

(4) 弧形压块。弧形压块也是具有浮动作用的压块，其特点是当工件在夹紧过程中无论夹紧表面有任何方向的（轻微的）角度变化，压块会绕自身的孔轴线发生转动，直至压块的两端压紧工件的表面，从而可靠地将工件夹紧。结构如图 1.57 (d) 所示。

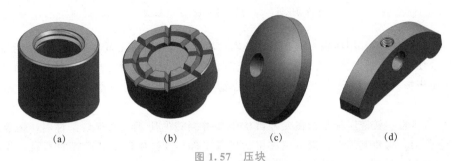

(a)　　　　　　(b)　　　　　　(c)　　　　　　(d)

图 1.57　压块

(a) 光面压块；(b) 槽面压块；(c) 圆压块；(d) 弧形压块

4. 压板的设计

压板与压块的作用是一样的，也是直接将工件的表面压紧，使工件在整个加工过程中保持固定不动，以确保加工的稳定性。与压块稍有不同的是，压板通常用来压紧表面比较大的工件，且其夹紧力也比较大。按夹紧方式的不同，压板分为移动压板、转动压板、偏心轮（凸轮）用压板、铰链压板、回转压板等多种类型。

(1) 移动压板。移动压板是指在夹紧操作时，沿着受力方向直线移动压向工件表面的压板。移动压板因其形态的不同又分为普通移动压板、移动弯压板、移动宽头压板等。结构如图 1.58 所示。

(a)　　　　　　　　　(b)　　　　　　　　　(c)

图 1.58　移动压板

(a) A 型移动压板；(b) 移动弯压板；(c) A 型移动宽头压板

(2) 转动压板。转动压板是指在夹紧操作时，因受杠杆作用力而绕杠杆旋转中心点转动压向工件表面的压板。转动压板也因其形态的不同分为普通转动压板、转动弯压板和转动宽头压板等。结构如图 1.59 所示。

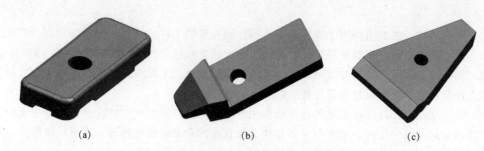

图 1.59 转动压板

(a) 普通转动压板；(b) 转动弯压板；(c) 转动宽头压板

（3）偏心轮（凸轮）用压板。偏心轮（凸轮）用压板是指在偏心轮夹紧机构中专门与偏心轮（凸轮）配合使用的压板，当偏心轮旋转至高点时，会将压板的夹紧点压向工件的表面。偏心轮（凸轮）用压板按其形态主要分为两种，即偏心轮用压板和偏心轮用宽头压板。结构如图 1.60 所示。

（4）铰链压板。铰链压板是指在夹紧机构中能够翻转的压板。当安装工件时，需要将其开启，工件定位后，再将其闭合，通过螺旋机构压紧工件。铰链压板按其形态的不同，分为 A 型铰链压板和 B 型铰链压板。结构如图 1.61 所示。

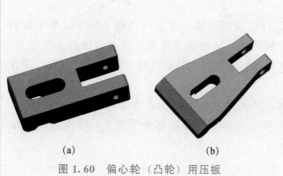

图 1.60 偏心轮（凸轮）用压板

(a) 偏心轮用压板；(b) 偏心轮用宽头压板

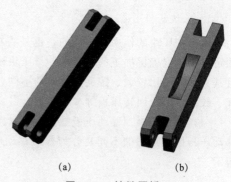

图 1.61 铰链压板

(a) A 型铰链压板；(b) B 型铰链压板

（5）回转压板。结构如图 1.62 所示。

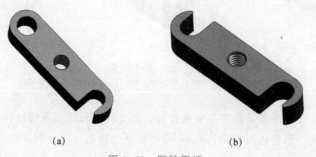

图 1.62 回转压板

(a) A 型回转压板；(b) B 型回转压板

5. 偏心轮的设计

偏心轮是偏心夹紧机构中对压板产生夹紧力的元件。其作用是通过操纵杆使偏心轮转动，当达到一定旋转角度时，将压板在夹紧点处压向工件表面，从而使工件夹紧。偏心轮按其功能和形态的不同，分为圆偏心轮、叉形偏心轮、单面偏心轮和双面偏心轮。

（1）圆偏心轮。结构如图 1.63（a）所示。

（2）叉形偏心轮。结构如图 1.63（b）所示。

（3）单面偏心轮。结构如图 1.63（c）所示。

（4）双面偏心轮。结构如图 1.63（d）所示。

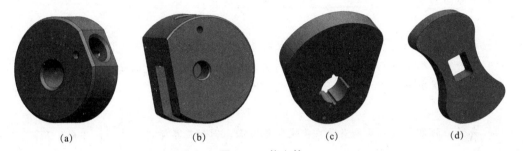

（a）　　　　　　（b）　　　　　　（c）　　　　　　（d）

图 1.63　偏心轮

（a）圆偏心轮；（b）叉形偏心轮；（c）单面偏心轮；（d）双面偏心轮

6. 操作件的设计

操作件是指在夹紧机构中用来施加夹紧力或调节工件空间位置、直接用手操纵的元件。其作用是改变施力的方向，增大作用力强度，使操作更加方便灵活。操作件按其使用功能和形态的不同，分为把手、手柄等。常见操作件结构如图 1.64 所示。

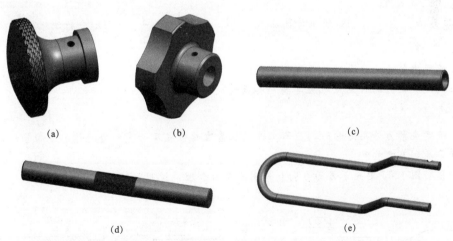

（a）　　　　　　　　（b）　　　　　　　　　（c）

（d）　　　　　　　　　　　　　（e）

图 1.64　操作件

（a）滚花把手；（b）星形把手；（c）活动手柄；（d）固定手柄；（e）A 型握柄

1.4.2　动脑想一想

1. 填空题

(1) 一套夹紧装置设计的优劣，很大程度上取决于夹紧力的设计是否合理。夹紧力包括三要素：_____、_____和_____。

(2) 选择作用点的问题是指在夹紧方向已定的情况下，确定夹紧力作用点的_____和_____。

(3) 在实际设计中确定夹紧力大小的方法有两种：_____和_____。

(4) 夹紧力的方向主要和_____有关。

2. 判断题

(1) 夹紧力的方向应尽可能和切削力、工件重力垂直。（　　）

(2) 生产中应尽量避免用定位元件来参与夹紧，以维持定位精度的精确性。（　　）

(3) 夹紧装置中中间传力机构可以改变夹紧力的方向和大小。（　　）

3. 选择题

(1) 夹紧力的方向应尽量垂直于主要定位基准面，同时应尽量与（　　）方向一致。

A. 退刀　　　　　　　B. 振动　　　　　　　C. 换刀　　　　　　　D. 切削力

(2) 夹具设计中，夹紧装置夹紧力的作用点应尽量（　　）工件要加工的部位。

A. 远离　　　　　　　B. 靠近　　　　　　　C. 中间位置　　　　　D. 远近皆可以

(3) 为了保证工件在夹具中加工时不易引起振动，夹紧力的作用点应（　　）。

A. 远离加工表面　　　　　　　　　　　　B. 靠近加工表面

C. 在工件已加工表面上　　　　　　　　　D. 在刚度较小处

(4) 在一般生产条件下，（　　）可以很快地确定夹紧方案，而不需要进行烦琐的计算，所以在生产中经常采用。

A. 估算法　　　　　　B. 精确计算法　　　　C. 类比法　　　　　　D. 分析法

4. 简答题

(1) 确定夹紧力的方向时应遵循哪些原则？

(2) 确定夹紧力的作用点时应遵循哪些原则？

5. 分析题

(1) 确定夹紧力作用方向时，应与工件定位基准的位置及所受外力的作用方向等结合起来考虑。其确定原则有哪些？

(2) 判断图 1.65 中夹紧力的方向和作用点是否合理，说明如何改进。

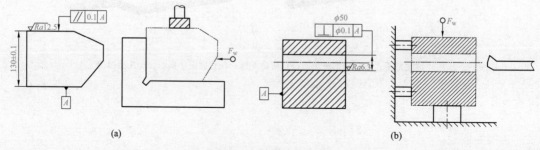

图 1.65　题 5（2）图

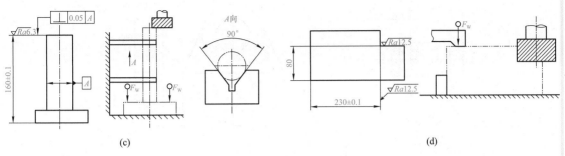

图 1.65 题 5（2）图（续）

（3）指出图 1.66 中定位、夹紧方案和结构设计中不正确的地方，并提出改进意见。

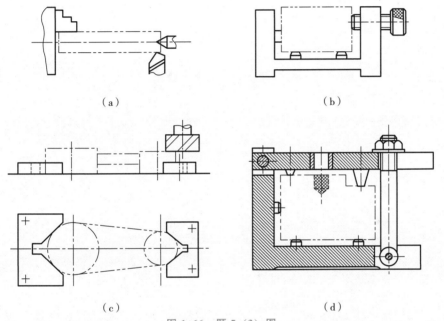

图 1.66 题 5（3）图

（4）分析图 1.67，说明零件加工时必须限制的自由度有哪些。选择定位基准和定位元件，并在图中画出，确定夹紧力的作用点的位置和方向，并用规定符号在图中标注出来。

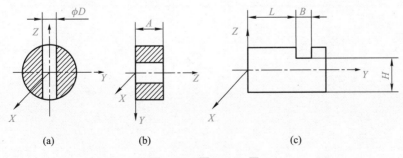

图 1.67 题 5（4）图

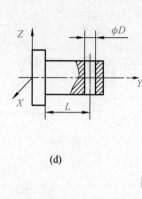

(d)

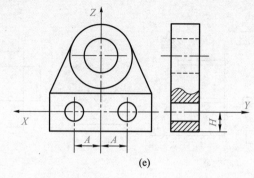

(e)

图 1.67 题 5（4）图（续）

任务 1.5　认识紧固元件

学习目标

知识目标：
了解常见紧固元件工作原理。

技能目标：
能根据需求选择合适的紧固元件。

素养目标：
认识常见紧固元件。

认识紧固元件

1.5.1　用心学一学

紧固元件是指夹具中用于固定、连接、压紧、调整各类元件的辅助性元件，包括螺钉、螺栓、螺母、垫圈等。

1. 螺钉

螺钉按其使用功能的不同，分为压紧螺钉、钻套螺钉、镗套螺钉等。常见螺钉结构如图 1.68 所示。

　　(a)　　　　　　　　　　(b)　　　　　　　　　　(c)

图 1.68　螺钉

(a) A 型通用压紧螺钉；(b) 钻套螺钉；(c) 镗套螺钉

2. 螺栓

螺栓按其使用功能的不同，分为球头螺栓、T 形槽快卸螺栓、钩形螺栓、双头螺栓和槽用螺栓等。常见螺栓结构如图 1.69 所示。

　　(a)　　　　　　　　　　(b)　　　　　　　　　　(c)

图 1.69　螺栓

(a) A 型球头螺栓；(b) T 形槽快卸螺栓；(c) 钩形螺栓

3. 螺母

常见螺母结构如图 1.70 所示。

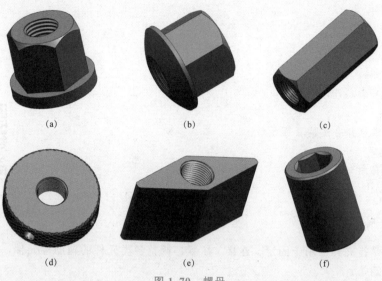

(a)　　　　　　　　　(b)　　　　　　　　　(c)

(d)　　　　　　　　　(e)　　　　　　　　　(f)

图 1.70　螺母

（a）带肩六角螺母；（b）A 型球面带肩螺母；（c）连接螺母；（d）调节螺母；（e）菱形螺母；（f）内六角螺母

4. 垫圈

垫圈按其使用功能的不同，分为悬式垫圈、十字垫圈、十字垫圈用垫圈、转动垫圈和快换垫圈。常见垫圈结构如图 1.71 所示。

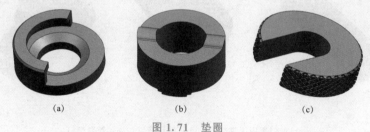

(a)　　　　　　　　　(b)　　　　　　　　　(c)

图 1.71　垫圈

（a）悬式垫圈；（b）十字垫圈；（c）A 型快换垫圈

1.5.2　动脑想一想

1. 填空题

（1）紧固元件包括_____、_____、_____、_____等。

（2）螺栓按其使用功能的不同，分为_____、_____、_____、双头螺栓和槽用螺栓等。

2. 分析题

分析图 1.72 是如何实现定位和夹紧的。

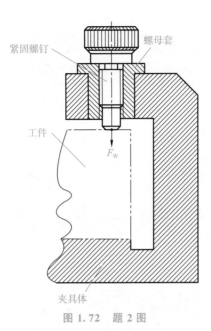

紧固螺钉　　　　　螺母套

工件

F_W

夹具体

图 1.72　题 2 图

任务 1.6　认识夹具体

学习目标 NEWS

知识目标：

1. 掌握常见夹具体的结构及工作方式；

2. 了解常见的夹具体工作原理。

技能目标：

1. 能够根据需求选择合适的夹具体元件；

2. 能设计夹具体定位装置。

素养目标：

认识常见的夹具体元件。

认识夹具体

1.6.1　用心学一学

夹具体是指承载和安装所有夹具元件的基础体。夹具体的形状和尺寸取决于夹具上各种机构的布置及夹具与机床的连接方式。在零件的加工过程中，夹具体需要承受夹紧力、切削力及由此产生的冲击和振动，因此，夹具体应具有必要的强度和刚度。同时，在夹具体的设计中还要充分考虑其结构的工艺性、可操作性、装拆的便捷性和经济性等因素。

由于夹具体的专用性很强，具体结构比较复杂、变化较多。本节主要讲述夹具体的毛坯设计。夹具体毛坯结构有铸造夹具体、焊接夹具体、锻造夹具体和组合装配夹具体。这里主要讲述铸造夹具体的设计，这也是最常用的结构形式。铸造夹具体的材料，通常选用 HT150 和 HT200，并经适当的时效处理后，再进行加工制造。

铸造结构的夹具体毛坯按其形态和使用功能的不同，分为底座基体、角铁基体、槽铁基体、过渡盘、支架体和支座体等。

1. 底座基体

底座基体的典型结构主要有平板基体和箱形基体两大类。常见底座基体结构如图 1.73 所示。

(a)　　　　　　　　　　　　　　　　　　(b)

图 1.73　底座基体

(a) 平板基体；(b) 箱形基体

2. 角铁基体

角铁基体的典型结构主要有普通角铁基体、筋板角铁基体和 T 形铁基体三大类。常见角铁基体结构如图1.74所示。

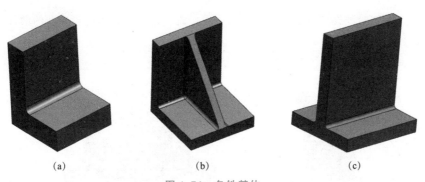

(a)　　　　　　　　　(b)　　　　　　　　　(c)

图 1.74　角铁基体

（a）普通角铁基体；（b）筋板角铁基体；（c）T形铁基体

3. 槽铁基体

槽铁基体的典型结构主要有普通槽铁基体、筋板槽铁基体和框架基体三大类。常见槽铁基体结构如图1.75所示。

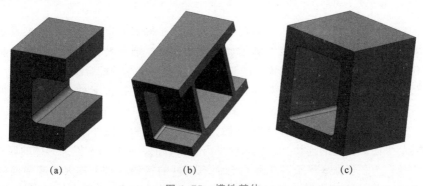

(a)　　　　　　　　　(b)　　　　　　　　　(c)

图 1.75　槽铁基体

（a）普通槽铁基体；（b）筋板槽铁基体；（c）框架基体

4. 过渡盘

过渡盘主要用于车床夹具的基体，通常与车床的主轴或卡盘连接。过渡盘的毛坯有两种形式，即圆盘和法兰盘。常见过渡盘结构如图1.76所示。

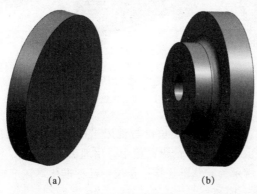

(a)　　　　　　　　　(b)

图 1.76　过渡盘

（a）圆盘；（b）法兰盘

5. 支架体和支座体

支架体、支座体的种类和形状很多，应用比较广泛，这里只介绍比较典型的两种。常见支架体和支座体结构如图 1.77 所示。

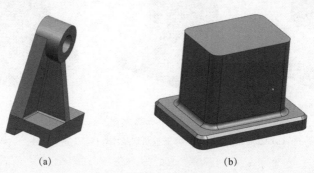

(a)　　　　　　　　　(b)

图 1.77　支架体和支座体

(a) 镗模支架体；(b) 支座体

6. 夹具体的定位

夹具体的定位是指夹具体在机床上的定位。夹具体在机床上定位的实质是夹具定位元件对成型运动的定位。如果机床的精度能够满足加工精度要求，则夹具在机床上的定位精度主要取决于夹具定位元件与夹具定位面的位置精度和夹具定位面与机床的配合精度。

夹具通过连接元件在机床上定位与连接。用于各类机床的连接元件各不相同，但基本上可分为两种：一种用于将夹具安装在机床的平面工作台上（如铣床、刨床、钻床、镗床和平面磨床夹具等）；另一种用于将夹具安装在机床的回转主轴上（如车床、内外圆磨床夹具等）。

(1) 夹具与平面工作台的连接。在机床的平面工作台上，夹具通常以夹具体的底平面为定位面在机床上定位。为了保证底平面与工作台台面有良好的接触，对于较大的底平面应采用周边接触 [图 1.78 (a)]、两端接触 [图 1.78 (b)] 或四角接触 [图 1.78 (c)] 等方式。

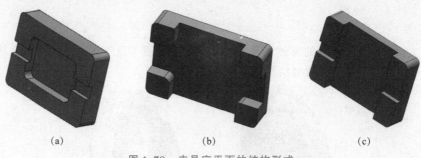

(a)　　　　　　　　　(b)　　　　　　　　　(c)

图 1.78　夹具底平面的结构形式

(a) 周边接触；(b) 两端接触；(c) 四角接触

铣床夹具除底平面外，通常还通过定位键与铣床工作台 T 形槽配合，以确定夹具在机床工作台上的方向。定位键安装在夹具底面的纵向槽中，用埋头螺钉固定，一般设置两个，其距离尽可能布置得远些。图 1.79 所示为定位键连接。定位键已标准化，标准定位键的结构如图 1.80 所示，标准代号为 JB/T 8016－1999。

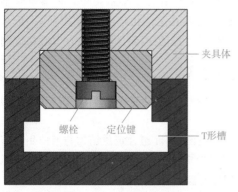

图 1.79　定位键连接

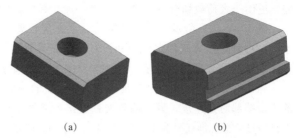

图 1.80　标准定位键的结构

(a) A 型；(b) B 型

定位键的具体结构分为 A、B 两种类型。

A 型键为单一工作尺寸型，即它是靠同一个键宽 B，同时与夹具体导向槽和工作台梯形槽构成配合关系，当工作台 T 形槽质量不一时，将会影响夹具导向精度。一般情况下，键与夹具体导向槽形成 H7/h6 的配合，或者可采用 JS6/h6 的配合；而工作台 T 形槽均采用基准孔公差带 H，故 A 型键与工作台 T 形槽多为间隙配合，定位精度较差。一般情况下多采取单向接触安装法，即夹具安装紧固时，令双键靠向 T 形槽的同一侧面，以消除对定间隙，提高夹具地对定精度。

B 型键把上、下两部分配合作用尺寸分开，中间设置成 2 mm 空刀槽，上半部键宽与夹具导向槽保持 H7/h6 或者 JS6/h6 配合，下半部与 T 形槽的配合留有 0.5 mm 的配研磨量，将按 T 形槽的具体尺寸来配作，故对定精度较高。

（2）夹具与回转主轴的连接。夹具在机床回转主轴上的连接方式取决于主轴端部的结构形式，常见的连接形式如图 1.81 所示。

图 1.81（a）所示为定心锥柄连接，夹具以长锥柄安装于机床主轴锥孔内，实现同轴连接。根据机床主轴锥孔结构，相应的夹具锥柄也为莫氏锥柄，与主轴孔实现无间隙配合，故定心精度较高。这种结构对定准确，安装迅速、方便，应用较广。莫氏锥柄虽属自锁性强

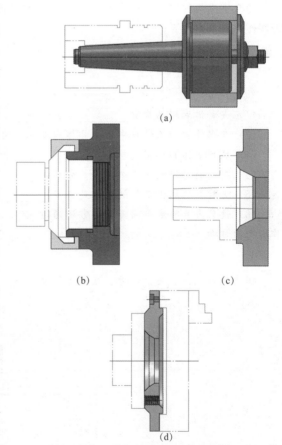

图 1.81　夹具与回转轴的连接形式

(a) 定心锥柄连接；(b) 平面短销对定连接；
(c) 平面短锥销对定连接；(d) 过渡盘连接

制传动圆锥，但考虑切削力的变化和振动等情况，一般还是在锥柄尾部设有拉紧螺杆，用拉紧螺杆对锥柄连接进行防松保护。

图 1.81（b）所示为平面短销对定连接，夹具以端面和短圆柱孔在主轴上定位，依靠螺纹结构与主轴紧固连接，并用两个压块防止倒车松动。这种结构的夹具定位孔与主轴定位轴颈一般采用 H7/h6 或 H7/js6 配合。这种连接方式制造容易，连接刚度较大，但因配合有间隙，定心精度稍差，适用于大荷载场合。

图 1.81（c）所示为平面短锥销对定连接，夹具以短圆锥孔和端面在主轴上定位，另用螺钉紧固。这种连接方式因定位面间没有间隙而具有较高的定心精度，并且连接刚度较大。这类结构多半要求两者在适量弹性变形的预紧状态下完成安装连接。

图 1.81（d）所示为过渡盘连接，过渡盘的一面利用短锥孔、端面组合定位结构与所使用机床的主轴端部对定连接，另一端与夹具连接，通常采用平面短销定位形式。过渡盘已标准化，三爪卡盘用过渡盘标准代号为 JB/T 10126.1—1999，四爪卡盘用过渡盘标准代号为 JB/T 10126.2—1999。

（3）定位元件对夹具定位面的位置要求。设计夹具时，定位元件对夹具定位面的位置要求应标注在夹具装配图上，作为夹具验收标准。一般情况下，夹具的对定误差应小于工序尺寸公差的 1/3，但对定误差中还包括对刀误差等，所以夹具的定位误差为工序尺寸公差的 1/6～1/3 即可。

通常把夹具的定位、夹具的对刀或刀具的导向、在分度或者旋转夹具中的分度定位三个方面叫作夹具的对定。

1.6.2 动脑想一想

1. 填空题

（1）夹具体毛坯结构有_____、_____、_____和组合装配夹具体。

（2）在零件的加工过程中，夹具体需要承受夹紧力、切削力及由此产生的_____。

（3）底座基体的典型结构主要有_____和_____两大类。

（4）夹具的对定包括三个方面，分别是_____、_____、_____。

（5）夹具在机床上定位的实质是夹具_____元件对成型运动的定位。

（6）铣床夹具除底平面外，通常还通过_____与_____配合，以确定夹具在机床工作台上的方向。

2. 分析题

将夹具体元件、夹紧元件、紧固元件填入图 1.82 横线处，并分析该机构工作过程。

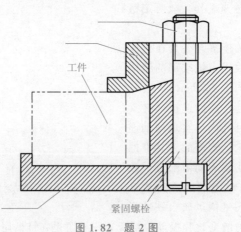

工件

紧固螺栓

图 1.82 题 2 图

大国工匠——顾秋亮

"蛟龙"号是中国首个大深度载人潜水器，有十几万个零部件，组装起来最大的难度就是确保密封性，精密度要求达到"丝"级。而在中国载人潜水器的组装中，能实现这个精密度的只有钳工顾秋亮，也因为有这样的绝活儿，顾秋亮被人称为"顾两丝"。多年来，他埋头苦干、踏实钻研、挑战极限，追求一辈子的信任，这种信念，让他赢得了潜航员托付生命的信任，也见证了中国从海洋大国向海洋强国的迈进。

顾秋亮在中国船舶重工集团公司第七〇二研究所从事钳工工作40多年，先后参加和主持过数十项机械加工和大型工程项目的安装调试工作，是一名安装经验丰富、技术水平过硬的钳工技师。在"蛟龙"号载人潜水器的总装及调试过程中，顾秋亮作为潜水器装配保障组组长，工作兢兢业业，刻苦钻研，对每个细节进行精细操作，任劳任怨，以严肃的科学态度和踏实的工作作风，凭借扎实的技术技能和实践经验，主动勇挑重担，解决了一个又一个难题，保证了潜水器顺利按时完成总装联调。诚如顾秋亮所说，"每个人都应该去寻找适合自己的人生之路"。

大国工匠——高凤林

高凤林是中国航天科技集团有限公司第一研究院211厂发动机车间班组长，几十年来，他做着同样一件事——为火箭焊接发动机喷管。

"长征五号"火箭发动机的喷管上，有数百根空心管线，管壁的厚度只有0.33 mm，高凤林需要通过3万多次精密的焊接操作，才能把它们编织在一起，焊缝细到接近头发丝，而长度相当于绕一个标准足球场两周。高凤林说，在焊接时得紧盯着微小的焊缝，一眨眼就会有闪失。"如果这道工序需要10分钟不眨眼，那就10分钟不眨眼。"

高凤林说，每每看到我们生产的发动机把卫星送到太空，就有一种成功后的自豪感，这种自豪感用金钱买不到。正是这份自豪感，让高凤林一直坚守在这里。35年，130多枚长征系列运载火箭在他焊接的发动机的助推下，成功飞向太空。这个数字占到我国发射长征系列火箭总数的一半以上。火箭的研制离不开众多的院士、教授、高工，但火箭从蓝图落到实物上，靠的是一个个焊接点的累积，靠的是一位位普通工人的拳拳匠心。专注做一样东西，创造别人认为不可能的可能，高凤林用35年的坚守，诠释了航天匠人对理想信念的执着追求。

项目 2　夹具常见机构设计

情境导入

在机械加工过程中，被加工件常会受到切削力、离心力、惯性力等力的作用，在这些外力的作用下，要使工件仍能在夹具中保持确定的位置，不发生振动或者偏移，保证加工质量和生产安全，夹紧装置是十分重要的。夹紧装置是夹具中常见机构，夹紧装置要求设计结构合理、拆卸快捷、使用安全等特点。

在机械加工中，完成一个表面的加工以后，依次使工件随同夹具可转动部分转过一定的角度或者移动一定的距离，然后对下一个表面进行加工，直至完成全部加工内容，具有这种功能的装置称为分度装置，主要应用于加工过程中需要进行分度的场合。

夹紧装置、分度装置都是夹具中常见的结构。本项目学习机床夹具中常见的夹紧装置、分度装置，分析其工作原理和过程，掌握其基本结构。

任务 2.1　斜楔夹紧机构

学习目标

知识目标：

1. 了解常见斜楔夹紧机构的工作原理；
2. 理解各种斜楔夹紧机构特点。

技能目标：

1. 具备斜楔夹紧机构夹紧力的计算能力；
2. 能根据需求选择适合的斜楔夹紧机构。

素养目标：

1. 认识常见斜楔夹紧机构；
2. 培养创新设计能力。

斜楔夹紧机构

2.1.1　用心学一学

1. 夹紧装置的组成和基本要求

（1）夹紧装置的组成。在机械加工过程中，为保持工件定位时所确定的正确加工位置，防止工件在切削力、惯性力、离心力及重力等作用下发生位移和振动，完全由一类夹具元件完成往往是不可能的,一般地,机床夹具都应有由夹紧元件和紧固元件组成的夹紧装置,才可以将工件夹紧。

夹紧装置分为手动夹紧和机动夹紧两类。根据结构特点和功用,典型夹紧装置由三部分组成,即力源装置、中间传力机构和夹紧元件。

1)力源装置是产生夹紧力的装置,通常是指动力夹紧时所用的气压装置、液压装置、电动装置、磁力装置和真空装置等。手动夹紧时的力源由人力保证,它没有力源装置。

2)中间传力机构是介于力源和夹紧元件之间的机构,通过它将力源产生的夹紧力传给夹紧元件,然后由夹紧元件最终完成对工件的夹紧。一般地,中间传力机构可以在传递夹紧力的过程中,改变夹紧力的方向和大小,根据需要也可具有一定的自锁性能。

3)夹紧元件是实现夹紧的最终执行元件,通过它和工件直接接触而完成夹紧工件,对于手动夹紧装置而言,夹紧机构由中间传力机构和夹紧元件组成。螺旋夹紧机构分为直接夹紧式螺旋夹紧机构、移动压板式螺旋夹紧机构、铰链压板式螺旋夹紧机构、可拆卸压板式螺旋夹紧机构。

(2)夹紧装置设计的基本要求。夹紧装置设计的好坏不仅关系到工件的加工质量,而且对提高生产效率、降低加工成本以及创造良好的工作条件等方面都有很大的影响,因此设计的夹紧装置应满足下列基本要求。

1)夹紧过程中,不改变工件定位后占据的正确位置。

2)夹紧力的大小要可靠、适当,既要保证工件在整个加工过程中位置稳定不变、振动小,又要使工件不产生过大的夹紧变形。

3)夹紧装置的自动化和复杂程度与生产纲领相适应,在保证生产率的前提下,结构要力求简单,以便于制造和维修。

4)夹紧装置的操作应当方便、安全、省力。

2. 斜楔夹紧机构分类

斜楔夹紧机构分为滑动式斜楔夹紧机构、滚动式斜楔夹紧机构、柱塞式斜楔夹紧机构。

(1)滑动式斜楔夹紧机构。滑动式斜楔夹紧机构分为单面滑动式斜楔夹紧机构和双面滑动式斜楔夹紧机构。

①单面滑动式斜楔夹紧机构。单面滑动式斜楔夹紧机构的主要元件为圆柱斜楔、摆动压爪和带有滑道的夹具体。其夹紧过程是,将工件放置在夹具体的钳口处,并与右侧挡口面接触;正向旋转紧固螺钉,推动圆柱斜楔左移,在斜面所产生的作用力下使摆动压爪上端夹紧工件。当反向旋转紧固螺钉时,在弹簧的作用下,使摆动压爪逆时针转动,推动圆柱斜楔右移,工件呈放松状态,即可将工件取下。该机构比较简洁,结构紧凑,操作省力,使用可靠。单面滑动式斜楔夹紧机构如图2.1所示。

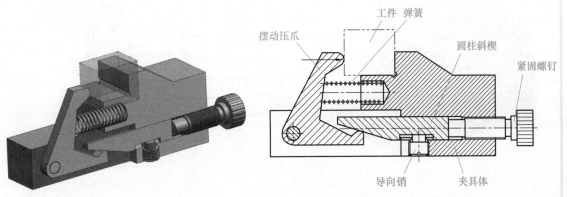

图 2.1 单面滑动式斜楔夹紧机构

②双面滑动式斜楔夹紧机构。双面滑动式斜楔夹紧机构的主要元件为斜楔压块和带有斜面的夹具体。其夹紧过程是，将工件放置在夹具体的底部平面上，并与左侧挡块接触；拧紧螺母使斜楔压块向下移动，产生向下的作用力，将工件夹紧。当松开螺母时，可将斜楔压块右移，工件呈放松状态，即可将工件取下。该机构十分简洁，使用的元件很少，操作方便。双面滑动式斜楔夹紧机构如图 2.2 所示。

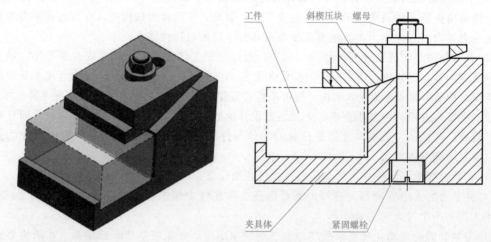

图 2.2　双面滑动式斜楔夹紧机构

（2）滚动式斜楔夹紧机构。滚动式斜楔夹紧机构分为单面滚动式斜楔夹紧机构、多面滚动式斜楔夹紧机构。

①单面滚动式斜楔夹紧机构。单面滚动式斜楔夹紧机构的主要元件为圆柱斜楔、摆动压爪、滚轮和带有滚道的夹具体。其夹紧过程是，将工件放置在夹具体的钳口处，并与左侧挡口面接触。正向旋转紧固螺钉，推动圆柱斜楔右移；在斜面所产生的作用力下使滚轮转动，并带动摆动压爪逆时针旋转，从而使压爪上端夹紧工件。当反向旋转紧固螺钉时，在重力作用下，摆动压爪顺时针转动，推动圆柱斜楔左移，工件呈放松状态，即可将工件取下。该机构的结构比较紧凑，运动自如，操作十分省力。单面滚动式斜楔夹紧机构如图 2.3 所示。

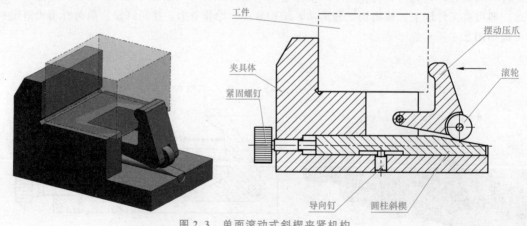

图 2.3　单面滚动式斜楔夹紧机构

②多面滚动式斜楔夹紧机构。多面滚动式斜楔夹紧机构主要元件为圆锥斜楔、摆动卡爪、滚轮、台架和带有滚道的夹具体。其夹紧的过程是，将工件放置在台架上面的平台上，顺时针转动操纵杆，紧固螺母会使圆锥斜楔上移；在斜面所产生的作用力下使滚轮滚动，并带动摆动卡爪顺时针转动，从而使卡爪上端夹紧工件。当逆时针转动操纵杆，紧固螺母会使圆锥楔下移，在重力作用下，摆动卡爪逆时针转动，工件呈放松状态，即可取下。该机构可以装夹圆柱形工件，并具有一定的自动定心作用。由于采用了滚动结构，操作比较省力和快捷。多面滚动式斜楔夹紧机构如图 2.4 所示。

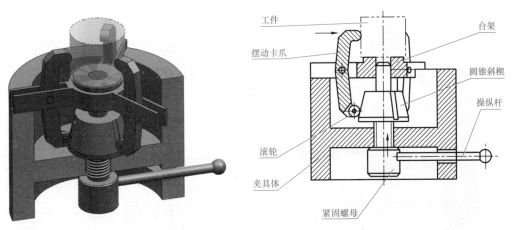

图 2.4　多面滚动式斜楔夹紧机构

（3）柱塞式斜楔夹紧机构

柱塞式斜楔夹紧机构分为滑动柱塞式斜楔夹紧机构和滚动柱塞式斜楔夹紧机构。

①滑动柱塞式斜楔夹紧机构。该机构的主要元件为柱塞横楔、拉杆楔、弹簧和带有纵横两个方向滑道的夹具体。其夹紧过程是，将工件放置在定位轴中，正向转动紧固螺母，使柱塞横楔右移；在其斜面所产生的作用力下，使拉杆楔下移，从而通过开口垫圈将工件夹紧。当反向转动紧固螺母时，在弹簧的作用下，使拉杆楔上移，工件呈放松状态，即可将工件取下。该机构将定位元件和夹紧元件组合在一起，结构紧凑，占用空间较小，操作比较方便。滑动柱塞式斜楔夹紧机构如图 2.5 所示。

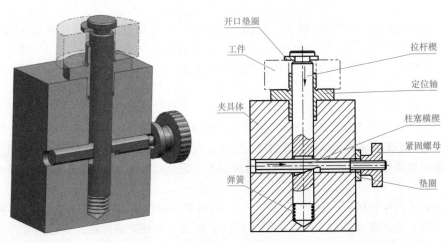

图 2.5　滑动柱塞式斜楔夹紧机构

②滚动柱塞式斜楔夹紧机构。该机构与滑动柱塞式斜楔夹紧机构基本相同，主要元件只增加了滚轮。其夹紧过程也基本相同，将工件放置在定位轴中，正向转动紧固螺母，使柱塞横楔右移；在其斜面所产生的作用力下，推动滚轮下移，而滚轮又带动拉杆楔下移，再通过开口垫圈将工件夹紧。当反向转动紧固螺母时，在弹簧的作用下，使拉杆楔上移，工件呈放松状态，即可将工件取下。对比滑动柱塞式斜楔夹紧机构，虽然增加了滚轮元件，但体积并未增大多少，结构仍然比较紧凑，且由于采用滚动拉紧方式，操作起来更为省力和灵活。滚动柱塞式斜楔夹紧机构如图 2.6 所示。

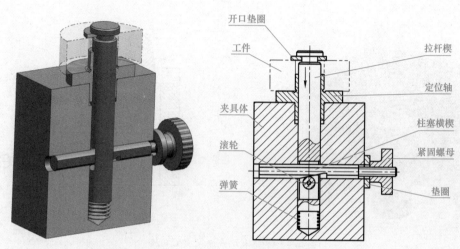

图 2.6   滚动柱塞式斜楔夹紧机构

3. 斜楔夹紧力相关计算

（1）斜楔夹紧力计算。斜楔在夹紧过程中的受力分析如图 2.7（a）所示，在外力 F_Q 作用下，建立静力平衡方程式：

$$F_{R1} + F_{Rx} = F_Q$$

$$F_{R1} = F_J \tan\varphi_1, \quad F_{Rx} = F_J \tan(\alpha + \varphi_2)$$

解得

$$F_J = \frac{F_Q}{\tan(\alpha + \varphi_2) + \tan\varphi_1}$$

式中，F_J 为斜楔对工件的夹紧力；F_Q 为加在斜楔上的作用力；α 为斜楔升角（°）；φ_1 为斜楔与工件之间的摩擦角（°）；φ_2 为斜楔与夹具体之间的摩擦角（°）。

当 $\varphi_1 = \varphi_2 = \varphi$，$\alpha$ 很小（$\alpha \leqslant 10°$）时，可以近似计算：

$$F_J = \frac{F_Q}{\tan(\alpha + 2\varphi)}$$

（2）自锁条件。当工件夹紧并撤除夹紧原动力 F_Q 后，夹紧机构依靠摩擦力的作用，仍能保持对工件的夹紧状态的现象称为自锁。根据这一要求，当撤除夹紧原动力 F_Q 后，此时摩擦力的方向与斜楔松开的趋势相反，斜楔自锁时的受力分析如图 2.7（b）所示。则斜楔夹紧的自锁条件为

$$\alpha < \varphi_1 + \varphi_2$$

钢铁表面间的摩擦因数一般为 $f = 0.1 \sim 0.15$，可知摩擦角 φ_1 和 φ_2 的值为 $5.75° \sim 8.5°$。因此，斜楔夹紧机构满足自锁的条件为 $\alpha < 11° \sim 17°$。但为了保证自锁可靠，手动夹紧一般取 $\alpha = 6° \sim 8°$ 或更小些。使用液压或者气动夹紧的时候，斜楔不需要自锁，可取 $\alpha = 15° \sim 30°$。

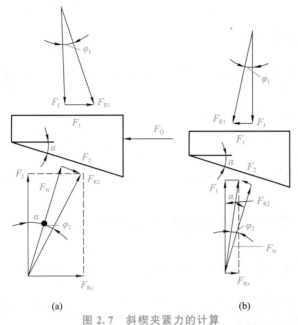

图 2.7　斜楔夹紧力的计算

（a）斜楔夹紧受力图；（b）斜楔夹紧自锁条件下受力图

（3）扩力比 i_F。扩力比也称为扩力系数或增力比，是指在夹紧原动力 F_Q 的作用下，夹紧机构所能产生的夹紧力 F_J 与夹紧原动力 F_Q 的比值。

$$i_F = \frac{F_J}{F_Q} = \frac{1}{\tan\varphi_1 + \tan(\alpha + \varphi_2)}$$

在不考虑摩擦影响时，理想增力比 $i'_F = \dfrac{1}{\tan\alpha}$。

当夹紧装置有多个增力机构时，其总增力比 $i_{Fi} = i_{F1} + i_{F2} + \cdots + i_{Fn}$。

（4）行程比。一般把工件要求的夹紧行程 h 与斜楔相应的移动距离 s 的比值，称为行程比 i_s，它在一定程度上反映了对某一工件夹紧的夹紧机构的尺寸大小。

$$i_s = \frac{h}{s} = \tan\alpha$$

当夹紧原动力 F_Q 和斜楔行程 s 一定时，楔角 α 越小，则产生的夹紧力 F_J 就越大，而夹紧行程 h 越小。此时，楔面的工作长度加长，致使结构不紧凑，夹紧速度变慢。因此在选择楔角 α 时，必须同时兼顾扩力比和夹紧行程，不可顾此失彼。

（5）应用场合。斜楔夹紧机构结构简单、工作可靠，但由于它的机械效率较低，很少直接应用于手动夹紧，而常用在工件尺寸公差较小的机动夹紧机构中。

2.1.2　动脑想一想

1. 判断题

（1）斜楔理想增力倍数等于夹紧行程的增大倍数。（　　　）

（2）斜楔夹紧机构中有效夹紧力为主动力的 10 倍。（　　　）

（3）斜楔夹紧机构自锁条件：斜楔升角大于斜楔与工件、斜楔与夹具体之间的摩擦角之和。

（　　　）

2. 选择题

（1）斜楔夹紧机构的自锁条件为：斜楔升角应（　　）斜楔与工件间的摩擦角、斜楔与夹具体之间的摩擦角之和。

A. 大于　　　　　　　B. 小于　　　　　　　C. 等于　　　　　　　D. 不等于

（2）斜楔夹紧机构的自锁条件为（　　）。

A. 斜楔升角小于楔块与夹具体间的摩擦角和楔块与工件间的摩擦角之差

B. 斜楔升角大于楔块与夹具体间的摩擦角和楔块与工件间的摩擦角之和

C. 斜楔升角大于楔块与夹具体间的摩擦角和楔块与工件间的摩擦角之差

D. 斜楔升角小于楔块与夹具体间的摩擦角和楔块与工件间的摩擦角之和

3. 简答题

斜楔夹紧机构必须解决什么问题？怎样解决这些问题？

4. 计算题

一手动斜楔夹紧机构如图 2.8 所示，已如参数见表 2.1，试求出工件的夹紧力 F_J，并分析其自锁性能。

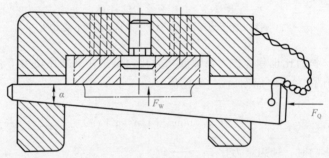

图 2.8　题 4 图

表 2.1　题 4 表

斜楔升角 α	各面间摩擦系数 f	原始作用力 F_Q/N	夹紧力 F_J/N	自锁性能
6°	0.1	100		
8°	0.1	100		
15°	0.1	100		

任务 2.2　螺旋夹紧机构

学习目标

知识目标：

1. 了解常见螺旋夹紧机构的工作原理；

2. 了解常见螺旋夹紧机构特点。

技能目标：

1. 具备螺旋夹紧机构夹紧力的计算能力；

2. 能根据需求选择合适的螺旋夹紧机构。

素养目标：

1. 认识常见螺旋夹紧机构；

2. 培养螺旋夹紧机构创新设计能力。

螺旋夹紧机构

2.2.1　用心学一学

1. 直接夹紧式螺旋夹紧机构

直接夹紧式是最简单的螺旋夹紧机构形式，分为直接压紧式螺旋夹紧机构（图 2.9）和直接拉紧式螺旋夹紧机构（图 2.10）。直接夹紧式螺旋夹紧机构的优点是结构简单，使用的元件最少，占用空间小。缺点是螺旋夹紧和松开工件所耗费的时间较长，操作麻烦，通常只在加工批量不大或复杂工件的装夹中使用。

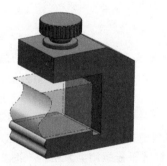
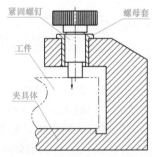

图 2.9　直接压紧式螺旋夹紧机构

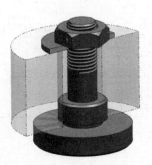
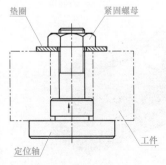

图 2.10　直接拉紧式螺旋夹紧机构

2. 移动压板式螺旋夹紧机构

移动压板式螺旋夹紧机构是将压板作为主要夹紧元件，且压板在施力方向上垂直移动。当旋紧螺母（或螺栓）时，由螺旋面产生的力会施加到压板上，使其压紧工件。该机构结构比较简单，夹紧可靠，操作方便，应用十分普遍。移动压板式螺旋夹紧机构按压板受力部位的不同，又可分为支点式（图 2.11）和内嵌式（图 2.12）两种压板结构形式。

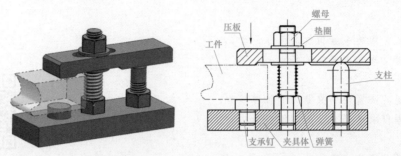

图 2.11 支点式移动压板式螺旋夹紧机构

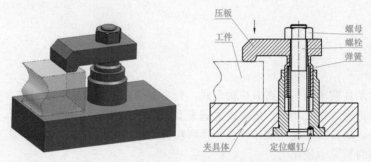

图 2.12 内嵌式移动压板式螺旋夹紧机构

3. 铰链压板式螺旋夹紧机构

铰链压板式螺旋夹紧机构也是将压板作为主要夹紧元件，但对压板的施加力是一个以铰链中心为旋转点的力矩。当旋紧螺母（或螺栓）时，由螺旋面产生的力矩会使压板与工件的接触点生成切线力，从而使工件夹紧。此类夹紧机构的形式多种多样，夹紧可靠，应用灵活。虽然其结构相对复杂，占用空间较大，但能适应各种复杂工件的加工需要，因而应用更为普遍。下面介绍四种比较典型的铰链压板式螺旋夹紧机构，分别是遮盖式铰链压板螺旋夹紧机构（图 2.13）、杠杆式铰链压板螺旋夹紧机构（图 2.14）、翻转式铰链压板螺旋夹紧机构（图 2.15）和联动式铰链压板螺旋夹紧机构（图 2.16）。

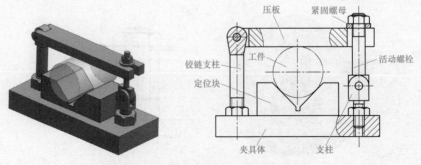

图 2.13 遮盖式铰链压板螺旋夹紧机构

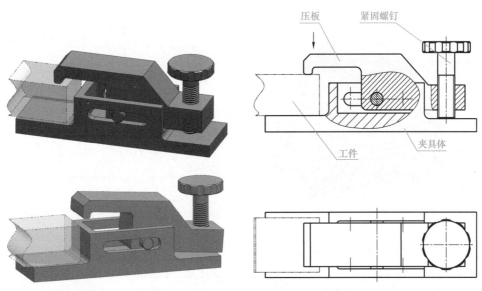

图 2.14　杠杆式铰链压板螺旋夹紧机构

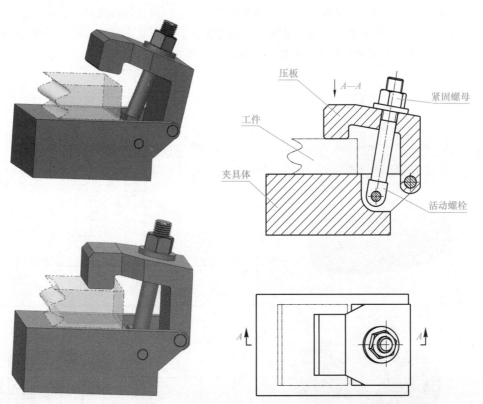

图 2.15　翻转式铰链压板螺旋夹紧机构

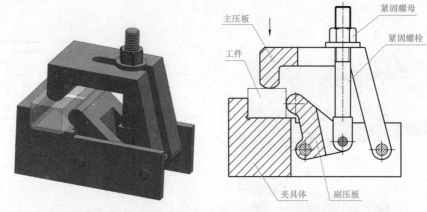

图 2.16　联动式铰链压板螺旋夹紧机构

4. 可拆卸压板式螺旋夹紧机构

　　可拆卸压板式螺旋夹紧机构的最大特点是压板设计成可拆卸的形式，在夹紧方式和工作原理上，与直接夹紧式螺旋夹紧机构没有什么不同。将机构中的压板设计成可拆卸形式，主要是方便工件在夹具中的装夹和拆卸。相比直接夹紧式螺旋夹紧机构，可拆卸压板式螺旋夹紧机构在工件的装夹操作中更为快捷、省时。有时对特殊的工件而言，因其结构的限制必须设计成可拆卸的压板形式。可拆卸压板式螺旋夹紧机构有很多结构形式，这里只介绍两种形式，即直拆式压板螺旋夹紧机构（图 2.17）和旋拆式压板螺旋夹紧机构（图 2.18）。

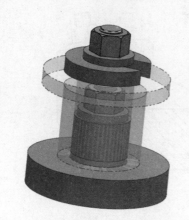
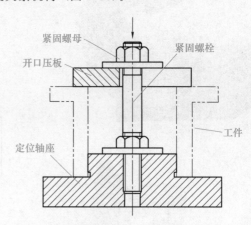

图 2.17　直拆式压板螺旋夹紧机构

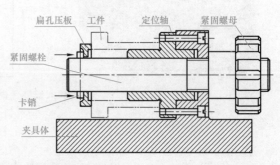

图 2.18　旋拆式压板螺旋夹紧机构

5. 螺旋夹紧相关计算

（1）夹紧力计算。图 2.19 所示为螺旋夹紧的受力分析。根据力矩平衡原理，可得螺旋夹紧机构的夹紧力 F_J 为

$$F_J = \frac{F_Q L}{r' \tan \varphi_2 + \dfrac{d_0}{2} \tan (\alpha + \varphi_1)}$$

式中，L 为手柄长度（mm）；d_0 为螺旋中径（mm）；r' 为压紧螺钉（螺杆）端部与工件间的当量摩擦半径（mm）（图 2.20）；α 为螺旋升角（°），一般为 2°～4°；φ_1 为螺旋与螺杆间的摩擦角（°）；φ_2 为工件与螺杆头部（或压块）间的摩擦角（°）。

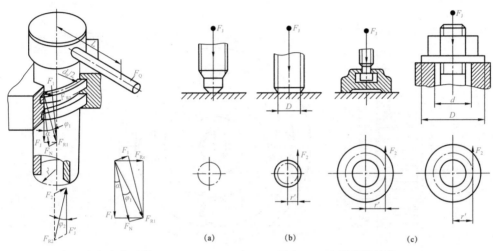

图 2.19　螺旋夹紧力的计算　　　　图 2.20　当量摩擦计算

(a) $r' = 0$；(b) $r' = \dfrac{1}{3} D$；(c) $r' = \dfrac{D^3 - d^3}{3 (D^2 - d^2)}$

（2）螺旋夹紧自锁条件。螺旋夹紧机构是从斜楔夹紧机构转化而来的，相当于将斜楔斜面绕在圆柱体上，转动螺旋时即可夹紧工件。因此，螺旋夹紧机构自锁条件和斜楔夹紧自锁条件相同，即 $\alpha < \varphi_1 + \varphi_2$。但螺旋夹紧机构的螺旋升角很小（一般为 2°～4°），故自锁性能更好。

（3）扩力比。因为螺旋升角小于斜楔的楔角，螺旋夹紧机构的扩力作用远远大于斜楔夹紧机构。

（4）应用场合。螺旋夹紧机构结构简单，制造容易，夹紧行程大，扩力比大，自锁性能好，应用广泛，尤其适用于手动夹紧机构，但夹紧动作缓慢、效率低，不宜使用在自动化夹紧装置上。

2.2.2　动脑想一想

1. 填空题

（1）常用的螺旋夹紧机构包括＿＿＿＿＿＿螺旋夹紧机构、＿＿＿＿＿＿螺旋夹紧机构、＿＿＿＿＿＿螺旋夹紧机构等。

（2）为了克服螺旋夹紧操作时间较长的缺点，实际生产中出现了各种快速接近或快速撤离工件的螺旋夹紧机构，这就是＿＿＿＿＿＿＿＿＿＿螺旋夹紧机构。

（3）常见的铰链压板式螺旋夹紧机构有＿＿＿＿＿＿＿＿＿＿＿＿。

（4）螺旋夹紧自锁条件为 _____ 。

2. 判断题

（1）螺旋夹紧机构是斜楔夹紧机构的变形，它对提高有效夹紧力和自锁性能都非常有利，因此，螺旋夹紧机构得到了很好的应用。（　　）

（2）为了克服螺旋夹紧辅助时间较长的缺点，可采用快速螺旋夹紧机构。（　　）

3. 计算题

如图 2.21（a）所示，材料为 HT200，欲在其上加工 $4 \times \phi 26H11$ 的孔，中批量生产，拟采用压板式螺旋夹紧机构。为了便于装卸工件，选用移动压板置于工件两侧［图 2.21（b）］。试估算其夹紧力。

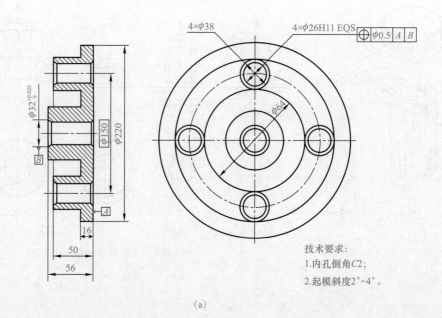

技术要求：
1. 内孔倒角 $C2$；
2. 起模斜度 $2° \sim 4°$。

(a)

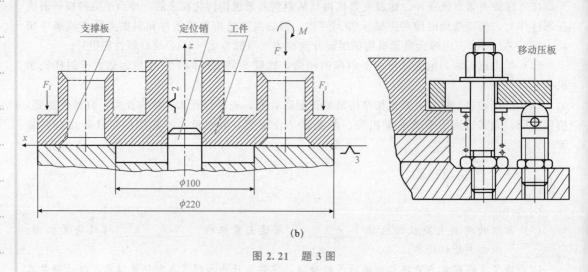

(b)

图 2.21　题 3 图

学习笔记

其他夹紧机构

任务 2.3　其他夹紧机构

学习目标

知识目标：

1. 了解其他夹紧机构的工作原理；

2. 掌握其他夹紧机构夹紧力的计算方法。

技能目标：

1. 具备一定的夹紧机构设计能力；

2. 能够根据需求选择适合的夹紧机构。

素养目标：

1. 认识了解其他夹紧机构；

2. 具备一定的夹紧机构创新设计素质。

2.3.1　用心学一学

其他夹紧机构包括偏心轮夹紧机构、联动夹紧机构、定心夹紧机构等。

1. 偏心轮夹紧机构

使用偏心件直接或间接夹紧工件的机构，称为偏心轮夹紧机构，偏心轮分为径面偏心轮和端面偏心轮，常用径面偏心轮。

（1）径面偏心轮夹紧机构。径面偏心轮的夹紧通常与压板或压块结合起来使用，组成压板（或压块）式径面偏心轮夹紧机构。按其使用的压板运动方式的不同，分为移动式压板径面偏心轮夹紧机构（图 2.22）和转动式压板径面偏心轮夹紧机构（图 2.23）。

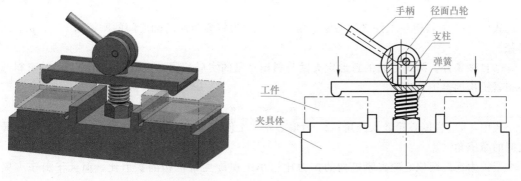

图 2.22　移动式压板径面偏心轮夹紧机构

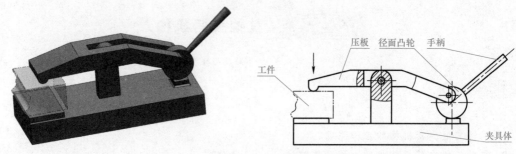

图 2.23　转动式压板径面偏心轮夹紧机构

①夹紧力的计算。图 2.24 所示为偏心轮在 F_J 点处夹紧时的受力情况。此时，可以将偏心轮看作一个楔角为 α 的斜楔，该斜楔处于偏心轮回转轴和工件垫块夹紧面之间，可得圆偏心夹紧的夹紧力 F_Q 为

$$F_Q = \frac{F_J L}{\rho \left[\tan\varphi_2 + \tan(\alpha + \varphi_1) \right]}$$

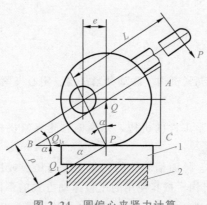

图 2.24　圆偏心夹紧力计算
1—垫块；2—工件

式中，φ_1 为斜楔与工件之间的摩擦角（°）；φ_2 为斜楔与回转轴之间的摩擦角（°）；ρ 为回转半径。

②自锁条件。圆偏心轮的弧形楔夹紧与斜楔夹紧的实质相同，根据斜楔自锁条件，可得圆偏心夹紧机构的自锁条件为

$$\alpha_{\max} < \varphi_1 + \varphi_2$$

式中，$\alpha_{\max}$ 为偏心轮最大升角；φ_1 为偏心轮与工件之间的摩擦角（°）；φ_2 为偏心轮与回转轴之间的摩擦角（°）。

③扩力比。圆偏心轮夹紧机构的扩力比远小于螺旋夹紧机构的扩力比，但大于斜楔夹紧机构的扩力比。

④应用场合。圆偏心轮夹紧机构的优点是操作方便、夹紧迅速、结构紧凑；缺点是夹紧行程小、夹紧力小、自锁性能差，因此，其常用于切削力不大、夹紧行程较小、振动较小的场合。

（2）端面偏心轮夹紧机构。端面偏心轮的夹紧通常也是与压板或压块结合起来使用，组成压板（或压块）端面偏心轮夹紧机构。端面偏心轮夹紧机构按其使用的压板运动方式的不同，可分为移动式压板端面偏心轮夹紧机构（图 2.25）和转动式压板端面偏心轮夹紧机构（图 2.26）。

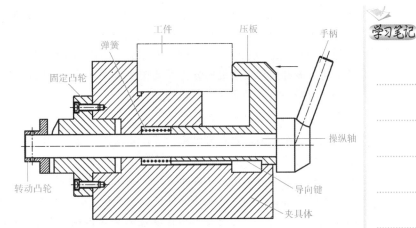

图 2.25　移动式压板端面偏心轮夹紧机构

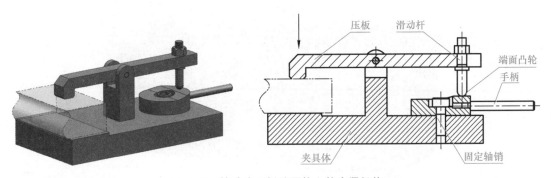

图 2.26　转动式压板端面偏心轮夹紧机构

2. 联动夹紧机构

（1）单件联动夹紧机构。单件联动夹紧机构是通过联动装置将一个原始作用力分散到工件的若干个夹紧点对工件进行夹紧。单件联动夹紧点的数量因工件的形态和加工特点不同可能有多种形式，常用的是双点联动夹紧，这里只讲述双点联动夹紧机构。双点联动夹紧机构按夹紧点施力方向的不同，又可分为双点对向联动夹紧机构（图 2.27）、双点同向联动夹紧机构和双点垂直联动夹紧机构。

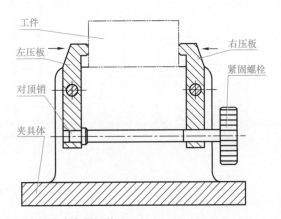

图 2.27　单件双点对向联动夹紧机构

（2）多件联动夹紧机构。多件联动夹紧机构是通过联动装置将一个原始作用力分散到若干个工件的相应夹紧点，同时对工件进行夹紧。多件联动夹紧的要点是对所有工件的夹紧力要保持相等，因此，在夹紧方式和结构上要注意均衡地将原始作用力分散到各个夹紧点上。按夹紧形式的不同，多件联动夹紧机构分为浮动压块多件联动夹紧机构（图 2.28）、铰链压板多件联动夹紧机构和液体塑料多件联动夹紧机构。

3. 定心夹紧机构

（1）等距移动定心夹紧机构。等距移动定心夹紧机构是指通过内联动装置使原始作用力均衡地分散到每个定位（夹紧）元件上，使工件实现同时定位和夹紧。等距移动定心夹紧的要点是，不仅使各个夹紧（定位）元件对工件的夹紧力保持相等，还使各个夹紧（定位）元件的空间运动保持精确的等距移动，这样才能保证自动定位夹紧的目的。内联动装置的形式有多种，按其对夹紧元件的驱动方式分为螺旋等距移动定心夹紧机构（图 2.29）、偏心轮等距移动定心夹紧机构、偏移滚柱等距移动定心夹紧机构和斜楔等距移动定心夹紧机构（图 2.30）。

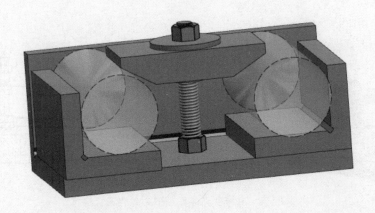

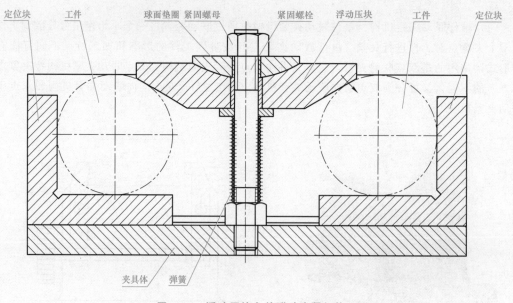

图 2.28　浮动压块多件联动夹紧机构

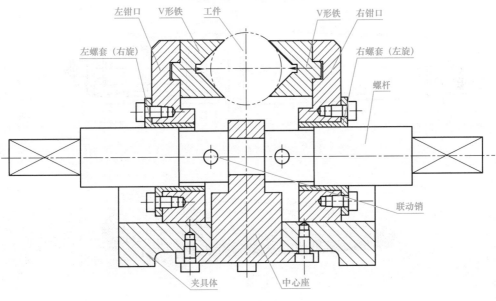

图 2.29　螺旋等距移动定心夹紧机构

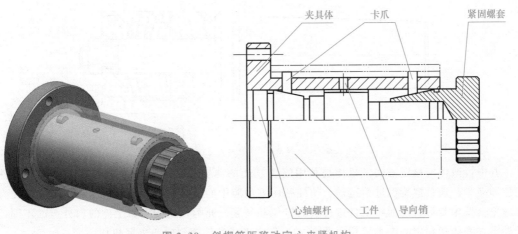

图 2.30　斜楔等距移动定心夹紧机构

（2）弹性变形定心夹紧机构。弹性变形定心夹紧机构是利用弹性元件受力后的均匀变形实现对工件的定位和夹紧。弹性变形夹紧的要点是，弹性元件具有良好的弹性和回复性能，且制造的精度要求较高，以保证精确的定位和可靠的夹紧。根据弹性元件的不同，弹性变形定心夹紧机构分为弹性夹头定心夹紧机构（图 2.31）、碟形簧片定心夹紧机构（图 2.32）、液体塑料定心夹紧机构和波纹套定心夹紧机构。

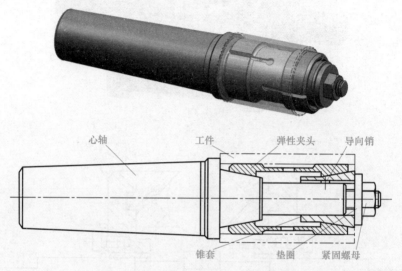

图 2.31　内夹式弹性夹头定心夹紧机构

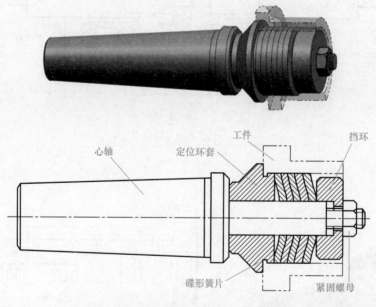

图 2.32　内夹式碟形簧片定心夹紧机构

其中，液体塑料定心夹紧机构是利用安装其上的薄壁套和型腔中的液体塑料实现对工件的定位和夹紧。通过螺旋的进给运动，使柱塞压缩型腔中的液体塑料，而液体塑料所产生的压力又使薄壁套发生变形，从而将工件进行表面定位和夹紧。此类机构按夹紧工件的内外表面不同，分为外夹式液体塑料定心夹紧机构（图 2.33）和内夹式液体塑料定心夹紧机构。

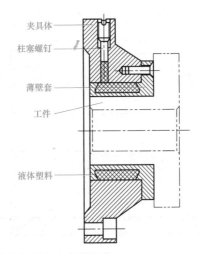

夹具体

柱塞螺钉

薄壁套

工件

液体塑料

图 2.33 外夹式液体塑料定心夹紧机构

2.3.2 动脑想一想

1. 填空题

（1）偏心轮结构可分为_____和_____两种类型，其中_____是夹具中常使用的结构。

（2）定心夹紧机构能同时实现_____和_____两种功能。

（3）常用的联动夹紧机构根据夹紧工件数量不同，可分为_____和_____两类。

2. 选择题

（1）采用偏心轮夹紧机构夹紧工件相比采用螺旋夹紧机构夹紧工件，主要优点是（　　　）。

　　A. 夹紧力大　　　　B. 夹紧可靠　　　　C. 动作迅速　　　　　D. 不易损坏工件

（2）圆偏心轮夹紧机构是依靠偏心轮在转动的过程中，轮缘上各工作点距回转中心不断（　　　）的距离来逐渐夹紧工件。

　　A. 减少　　　　　　B. 增大　　　　　　C. 保持不变　　　　　D. 可能增大，可能减少

3. 简答题

（1）比较斜楔、螺旋、圆偏心轮夹紧的特点及其应用。

（2）举例说明定心夹紧机构的工作原理。

（3）常见的联动夹紧有哪些？

4. 分析题

如图 2.34 所示，除 $\phi 6^{+0.03}_{0}$ 的孔外，零件其他尺寸已加工完毕，现采用钻床加工 $\phi 6^{+0.03}_{0}$ 的孔，设计夹紧装置。

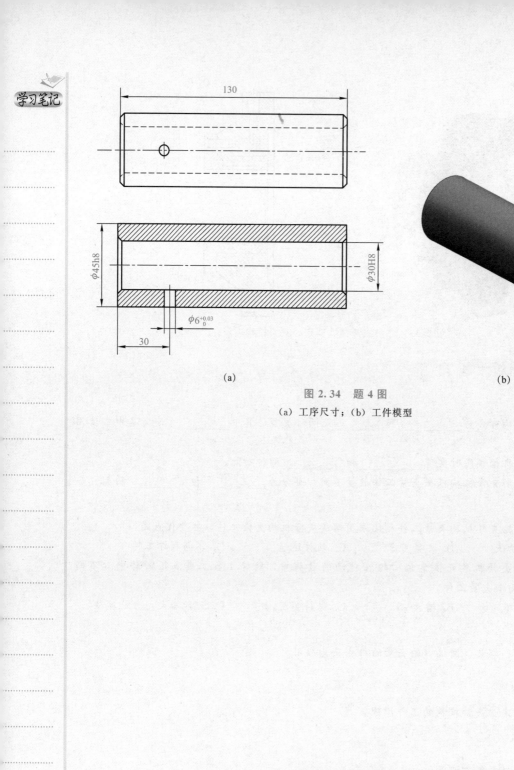

(a)

(b)

图 2.34　题 4 图

（a）工序尺寸；（b）工件模型

任务 2.4 分度装置

知识目标：

1. 了解分度机构的工作原理；
2. 掌握分度机构的应用场合。

技能目标：

1. 能够根据需求选择分度机构；
2. 能完成简单分度机构设计。

素养目标：

1. 认识分度机构；
2. 具备分度机构创新设计素质。

分度装置

2.4.1 用心学一学

在机械加工中，经常会遇到在工件上加工一组按固定转角或固定距离均匀分布的孔、槽等型面的情况。为了能在一次装夹中完成这类型面的加工，就出现了在加工过程中多次重复定位问题，通常将其称为分度定位，而将这种分度定位机构称为分度机构。通过分度机构实行一次性装夹的多工位加工，可以使加工工序集中，从而减轻工人的劳动强度，提高劳动生产率，因此分度定位夹具在生产中应用非常广泛。

分度对定机构有两大类型，即回转分度对定机构和直线分度对定机构。

回转分度对定机构是对圆周角进行分度，又称圆分度，用于对工件表面圆周均匀分布的孔或槽的加工。按照分度盘和对定销位置的不同，分度可以分为轴向分度和径向分度；按照分度盘回转轴线分布位置不同，分度可分为立轴式、卧轴式和斜轴式；按照分度装置工作原理不同，分度可分为机械分度和光电分度等；按照分度装置的使用特性，分度可分为通用和专用两类。

回转分度装置主要由固定部分、转动部分、分度对定机构及控制机构等组成，分度对定机构是分度装置的关键。

直线分度对定机构是对直线方向上的尺寸进行间隔距离对定，多用于对工件表面某一个方向均匀分布的孔或槽的加工。

在这两类分度对定机构中，回转分度对定机构应用比较普遍，本书重点讲述此类分度对定机构，并不再区分回转分度和直线分度，而这两类机构的分度定位原理是相同的。分度机构按不同的观察角度，有多种划分形式。如从分度定位方向上看，有轴向分度和径向分度；从对定形式上看，有球头对定、圆柱销对定、圆锥面对定和斜面对定等。这里只从加工精度和操作方式角度来划分分度对定机构的类型。按此划分，有钢球式分度对定机构、拉销式分度对定机构、杠杆式分度对定机构、凸轮（偏心轮）式分度对定机构、枪栓式分度对定机构等。

1. 钢球式分度对定机构

钢球式分度对定机构是指依靠弹簧将钢球或圆头销压入分度盘锥孔来实现对定的机构。这是最简单的分度对定机构形式，通常用于预分度或精度要求不高且切削力较小的加工工序中。此类分度对定方式有两种，即钢球分度对定机构和圆头销分度对定机构。

（1）钢球分度对定机构。钢球分度对定机构就是用钢球作为定位元件，并依靠弹簧的作用力使其对定在分度盘的定位锥孔内来实现分度定位。钢球分度对定机构如图 2.35 所示。

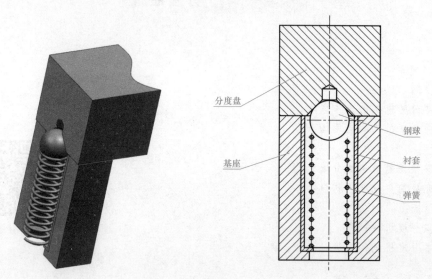

图 2.35　钢球分度对定机构

（2）圆头销分度对定机构。圆头销分度对定机构是用球面圆柱销作为定位元件，并依靠弹簧的作用力使其对定在分度盘的定位锥孔内来实现分度定位。圆头销分度对定机构如图 2.36 所示。

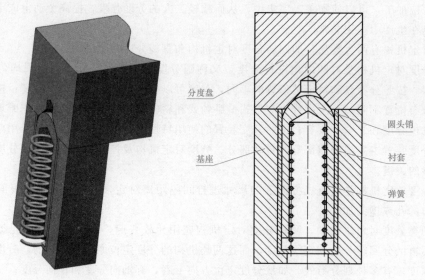

图 2.36　圆头销分度对定机构

2. 拉销式分度对定机构

拉销式分度对定机构是指用手拉动圆柱销使其对定或从分度盘的定位孔中抽出来实现对定的机构。该机构具有中等的定位精度，适用于具有分度对定机构的中、小型夹具。此类分度对定方式有两种，即直向拉伸分度对定机构和旋转拉伸分度对定机构。

（1）直向拉伸分度对定机构。直向拉伸分度对定机构是用圆柱销作为定位元件，并用手拉动圆柱销使其对定在分度盘的定位孔内来实现分度定位。根据加工精度的要求，还可将定位圆柱销设计成菱形销的形式，以补偿距离偏差。图 2.37（a）和图 2.37（b）所示分别为普通直向拉伸分度对定机构和补偿偏差直向拉伸分度对定机构。

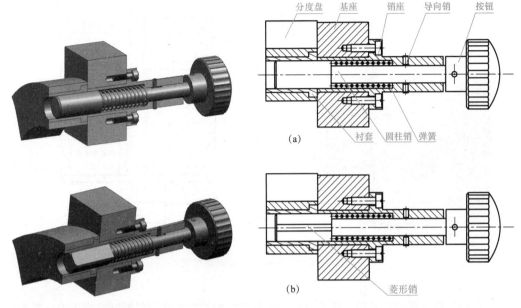

图 2.37　直向拉伸分度对定机构
（a）普通直向拉伸分度对定机构；（b）补偿偏差直向拉伸分度对定机构

（2）旋转拉伸分度对定机构。旋转拉伸分度对定机构也是用圆柱销作为定位元件，并通过旋钮和圆柱斜面使圆柱销对定在分度盘的定位孔内来实现分度定位。旋转拉伸分度对定机构如图 2.38 所示。

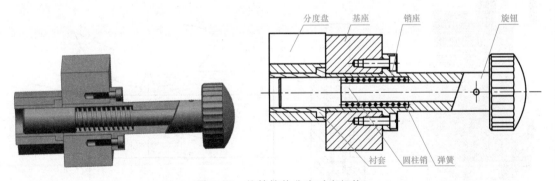

图 2.38　旋转拉伸分度对定机构

3. 杠杆式分度对定机构

杠杆式分度对定机构是指用杠杆操作带动定位销使其对定或从分度盘的定位槽或定位孔中抽出来实现对定的机构。此类机构具有较大的作用力，适用于中、大型分度对定夹具。此类分度对定机构有三种方式，即拉动杠杆分度对定机构、压动杠杆分度对定机构和摆动杠杆分度对定机构。

（1）拉动杠杆分度对定机构。拉动杠杆分度对定机构是用圆锥销作为定位元件，并用手拉动操纵杠杆使圆锥销对定在分度盘的定位孔内来实现分度定位。拉动杠杆分度对定机构如图 2.39 所示。

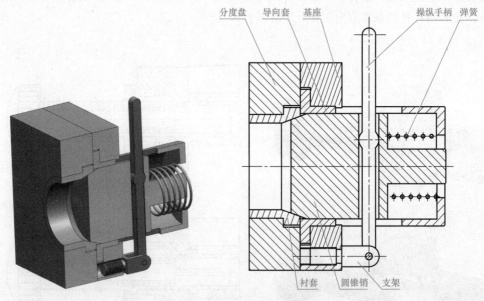

图 2.39　拉动杠杆分度对定机构

（2）压动杠杆分度对定机构。压动杠杆分度对定机构是用斜楔和斜槽进行定位的。用手压动操纵杠杆使斜楔对定在分度盘的斜槽内，从而实现分度定位。压动杠杆分度对定机构如图2.40所示。

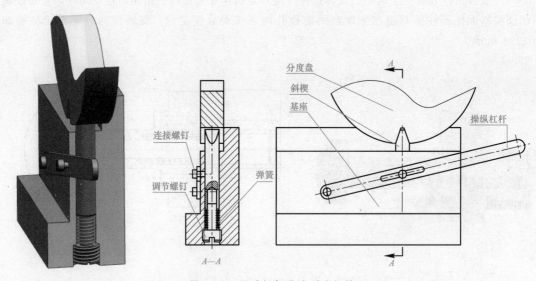

图 2.40　压动杠杆分度对定机构

（3）摆动杠杆分度对定机构。摆动杠杆分度对定机构也是用斜楔和斜槽进行定位的。用手搬动操纵杆使斜楔对定在分度盘的斜槽内，从而实现分度定位。摆动杠杆分度对定机构如图2.41所示。

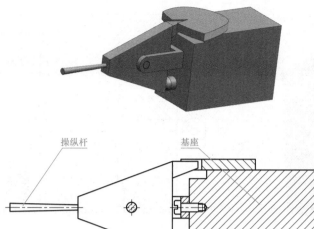

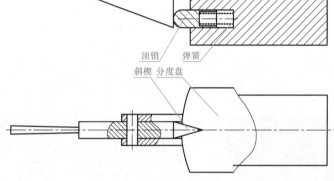

图 2.41　摆动杠杆分度对定机构

4. 凸轮（偏心轮）式分度对定机构

凸轮（偏心轮）式分度对定机构是对凸轮进行操作带动定位销使其对定或是从分度盘的定位槽或定位孔中抽出来实现对定的机构。此类机构具有较大的作用力，适用于中、大型分度对定的夹具。典型的分度对定方式有四种，即偏心轮分度对定机构（图 2.42）、偏心轴销分度对定机构（图 2.43）、斜面凸轮分度对定机构（图 2.44）和圆缺凸轮分度对定机构（图 2.45）。

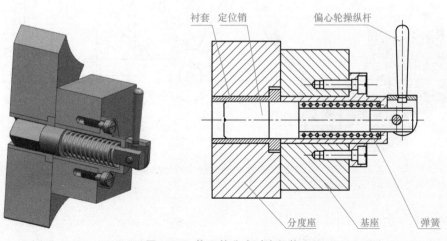

图 2.42　偏心轮分度对定机构

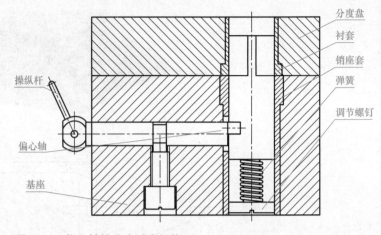

图 2.43　偏心轴销分度对定机构

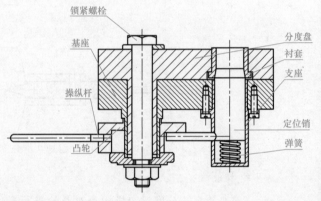

图 2.44　斜面凸轮分度对定机构

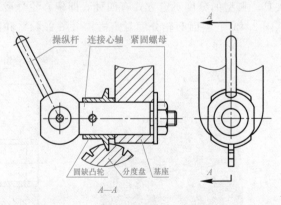

图 2.45　圆缺凸轮分度对定机构

5. 枪栓式分度对定机构

　　枪栓式分度对定机构是指用带有螺旋槽的元件直接或间接地拉动定位销对定或将其抽出或插入分度盘的定位孔（或槽）来实现对定的机构。此类机构操作更加灵活快捷，适用于中、小型分度对定的夹具。其具体类型主要有两种，即直接式枪栓分度对定机构（图 2.46）和间接式枪栓分度对定机构（图 2.47）。

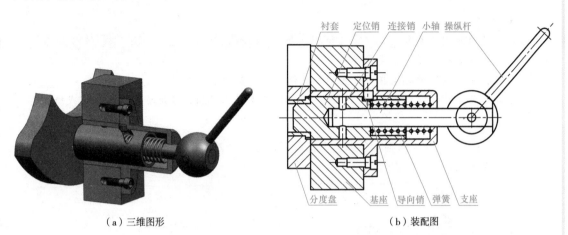

（a）三维图形　　　　　　　　　　　　　　（b）装配图

图 2.46　直接式枪栓分度对定机构

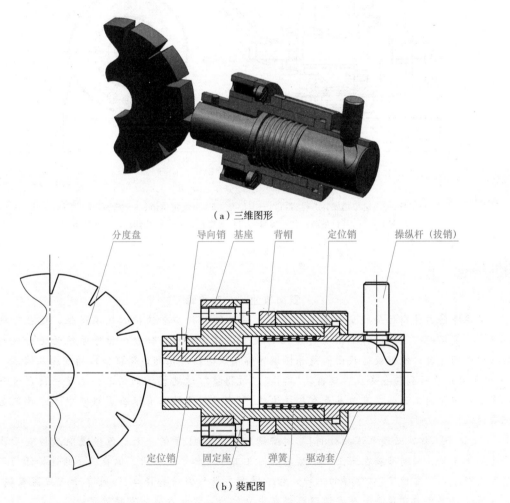

（a）三维图形

（b）装配图

图 2.47　间接式枪栓分度对定机构

2.4.2 动脑想一想

1. 填空题

(1) 常见的分度装置有_____和_____两类。

(2) 根据结构及原理，分度装置可分为_____、_____等形式。

(3) 根据分度盘和对定销相对位置的配置情况，分度装置可分为_____和_____。

(4) 分度装置的关键部分是_____，它们可根据不同加工精度要求进行设计或选用。

2. 分析题

如图 2.48 所示，加工扇形工件上三个径向孔的回转分度式钻模，试分析钻模定位装置、夹紧装置和分度装置。

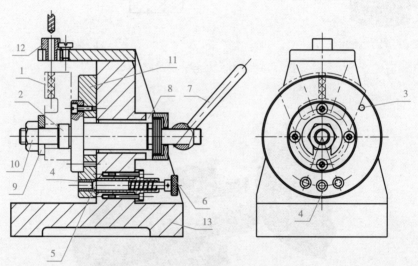

图 2.48 回转分度式钻模

1—工件；2—定位销轴；3—挡销；4—定位套；5—分度定位销；6—把手；7—手柄；
8—衬套；9—开口垫圈；10—螺母；11—分度盘；12—钻模套；13—夹具体

拓展学习

爱岗敬业——时鲁峰

时鲁峰的工作岗位是航空公司飞机维修系统保障飞行安全的核心技术岗位，他在飞机维修系统运行现场处理飞机运行中所有突发性的疑难杂症，需要熟知整个维修系统的运行规则，当运行出现问题时，能够快速找出问题并协调各部门及时解决问题，保证航班的安全及准点。

"平时很少听到时鲁峰说'还行''不错''过得去'这些模糊的词汇，他是一位严谨到所有答案都数据化的工程师，有时甚至有些强迫症。"东方航空技术有限公司维修中心经理何志春对记者说。

"做这个工作，必须严谨细致啊！"时鲁峰回忆，2004 年的一天，他做完航后检查后，已经是凌晨 4 点多。回到家躺在床上，忽然想起他在工作中加了液压油，但液压油的选择活门不记得是否已经放到中立位了。"这样的工作，容不得有半点的假设和侥幸。"时鲁峰从被窝里爬起来，骑着单车大半夜回到现场，确定活门已经在中立位后，才放心地回家睡觉了。

凭借扎实的功底、出众的技术，2015 年 5 月，经过层层选拔，时鲁峰与同事一起，远赴美国参加波音公司举办的国际维修技能大赛，与 40 多家国际大公司的员工同台竞技，最终取得了第三名的好成绩。

工作十几年来，面对保障航班安全和准点的巨大压力，时鲁峰和他的团队一直快速、高效地应对着飞机机械故障和运行问题。这十几年中，由他直接保障的各类航班超过 1 万班，间接参与保障的航班无以计数。经他亲手排除的故障成千上万个，但从未出现过任何人为差错。

"客机停运一天的损失是几十万元，有时为了排除一个小故障一架客机要停运一周，那就是上百万元的损失。"时鲁峰说，"当安全和成本发生冲突的时候，我们首先保安全，有安全才有效益！"

项目 3　夹具设计方法

情境导入

在夹具设计过程中，除需要满足夹具基本要求外，还需要解决一些关键性的技术问题，如设计的基本要求、夹具设计的基本步骤、夹具装配图上需要标注的公差和技术要求、夹具的精度分析、夹具经济性分析以及如何与机床连接等问题。

本项目将对以上问题进行一一解答。

任务 3.1　夹具设计的基本要求和一般步骤

学习目标

知识目标：

1. 了解夹具设计的基本要求；

2. 掌握常见的夹具设计方法。

技能目标：

1. 能够掌握夹具设计的一般方法和步骤；

2. 能拟定夹具设计方案。

素养目标：

1. 养成工程设计思想；

2. 具备常见夹具设计方案规划的职业能力。

夹具设计的基本
要求和一般步骤

3.1.1　用心学一学

夹具设计的首要问题是明确夹具设计的基本要求和步骤。夹具设计的基本要求是保证工件加工工序的精度要求，提高劳动生产率，降低工件的制造成本，保证夹具具有良好的工艺性和劳动条件。随着工件制造精度的不断提高，对夹具本身也提出更高的精度要求，那么工件制造成本也将提高。因此，必须综合考虑零件批量和制造成本，合理地安排机床夹具设计的一般步骤。

1. 夹具设计的基本要求

夹具设计应满足以下基本要求：

（1）夹具设计应能稳定地保证工件的加工精度。确定夹具定位方案、夹紧方案、刀具导向方式以及正确地选定定位基准等都是保证工件加工精度的前提条件，必要时还需进行定位误差分

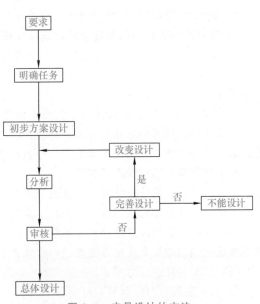

析、减小夹具中其他零部件的结构对加工精度的影响，确保夹具能满足工件的加工精度要求。

（2）夹具设计应以提高生产效率、降低成本为目标。夹具总体方案的复杂程度应与零部件的年生产纲领相适应，尽量采用各种快速、高效的夹紧机构，如多件夹紧机构、联动夹紧机构等；保证夹具在使用过程中操作方便，进而缩短辅助时间，提高生产效率。

（3）夹具设计应具有良好的结构工艺性。所设计的夹具结构应力求简单、合理，运动部件必须运动灵活、可靠。零部件结构工艺性要好，应易于制造、检测、安装、操作、装配、调整，便于检验、维修和更换易损零件等。

（4）夹具设计应考虑经济性。定位件、夹紧件及导引件等夹具元件设计时应尽可能满足三化（通用化、标准化、系列化）要求；专用夹具应尽可能采用标准元件和标准结构，设计时还要考虑车间现有的夹紧动力源、吊装能力及安装场地等因素，降低夹具制造成本。

（5）夹具设计应符合人机工程学。

1）夹具的操作应简便、省力，工作安全、可靠。

2）在客观条件允许且又经济适用的前提下，应尽可能采用气动、液压等机械化夹紧装置，以减轻操作者的劳动强度。

3）夹具操作位置应符合操作工人的习惯，必要时应有安全保护装置。

为操作方便和防止装反，应设置止动销、障碍销、防止误装的标志等装置。专用夹具还应排屑方便。必要时可设置排屑结构，防止切屑影响工件正确定位；防止切屑严重堆积，损伤刀具或造成工伤事故；防止切屑的积聚带来大量的热量而引起夹具和工件的热变形和整个工艺系统的变形，影响加工质量。切屑的清扫又会增加辅助时间，降低工作效率。

夹具在使用时要承受多种力的作用，因此夹具应具备足够的强度和刚度。夹具在夹紧时不能破坏工件的定位位置，保证产品形状、尺寸符合图样要求。夹具既不能允许工件松动滑移，又不能使工件的拘束度过大而产生较大的拘束应力。

2. 夹具设计的方法

夹具设计主要是绘制所需夹具的图样，同时制订有关的技术要求，夹具设计是一种相互关联的工作，它涉及很广的知识面。通常设计者在参阅有关典型夹具图样的基础上，按加工要求构思出设计方案，再经修改，最后确定夹具的结构。其设计方法如图 3.1 所示。

显然，在夹具设计的过程中存在着许多重复劳动，近年来，迅速发展的机床夹具计算机辅助设计为克服传统设计方法的缺点提供了新的途径。

图 3.1 夹具设计的方法

3. 夹具设计的一般步骤

合理、有效的夹具设计步骤对夹具的设计质量及使用性能影响很大，同时也对机械零件的加工效率起到事半功倍的作用，因此，夹具的设计步骤非常关键。

（1）明确设计要求与收集设计资料。

1）夹具设计的具体要求。在已知生产纲领的前提下，研究被加工零件的零件图、工序图、工艺规程文件及设计任务书等，工艺人员在编制零件的工艺规程时，也会提出相应的夹具设计要求，其主要内容如下：

①零件的工序加工尺寸、位置精度要求。

②零件加工时的定位基准。

③夹具上夹紧力的作用点、大小及方向。

④整个工艺系统中机床、刀具、辅具的设置情况。

⑤零件加工过程中所需的夹具数量等。

2）夹具设计具体应收集的资料。

①收集与夹具设计相关的被加工件图纸和技术资料，分析被加工件的结构特点、材料、毛坯图及其技术条件。

②工件的生产纲领、投产批量、夹具需要量以及生产组织等有关信息。

③工件的工艺规程和每道工序的具体技术要求。

④工件的定位、夹紧方案，本工序的加工余量和切削用量的选择以及前后工序的联系。

⑤相关量具的精度等级，刀具和辅助工具等的型号、规格。

⑥本企业制造和使用夹具的生产条件和技术现状，工人的技术水平等情况。

⑦所使用机床的主要技术参数、性能、规格、精度以及与夹具连接部分结构的联系尺寸等。

⑧设计夹具零部件用的各种标准、工艺规定、典型夹具图册和有关夹具的设计指导资料等。

⑨国内外同类工件的加工方法和所使用的夹具，借鉴其中先进且适合本企业实际情况的合理方案。

根据设计任务还需收集相关的标准、图册和手册，如夹具零部件的国家标准、部颁标准和厂订标准，各类夹具图册、夹具设计手册等，并了解该厂的工装制造水平。

（2）拟订夹具结构方案与绘制夹具草图。拟订夹具结构方案与绘制夹具草图的具体步骤如下：

1）确定工件的定位方案，设计定位装置，即根据六点定位原则分析被加工件的定位方式，设计定位装置并选择相应的定位元件。

2）确定工件的夹紧方案，设计夹紧装置。

3）确定对刀或导向方案，设计对刀或导向装置。

4）确定夹具与机床的连接方式，设计连接元件及安装基面。

5）确定夹具其他组成元件或装置的结构形式，如定向键、分度装置、对刀块或引导元件等。

6）借鉴典型夹具结构，协调考虑各种元件、装置的布局，确定安装方式及夹具体的总体结构和尺寸。

7）绘制夹具草图，并标注尺寸、公差及技术要求。

在设计时，同时构思几套方案，画出草图。从保证精度和降低成本的角度出发，对结构方案进行精度分析和估算，论证方案的可行性及科学性，对薄弱环节进行修改。经过分析比较，选择一个与生产纲领相适应的最佳方案。

（3）进行必要的分析计算。工件的加工精度较高时，应进行工件加工精度分析。有动力装置的夹具需要计算夹紧力。当有几种夹具方案时，可进行经济分析，选用经济效益较高的方案。

（4）审查方案与改进设计。夹具草图画出后，应征求有关人员的意见，并送有关部门审查，然后根据他们的意见对夹具方案做进一步修改。

（5）绘制夹具装配总图。

1）夹具装配总图绘制的一般步骤。

①夹具装配总图应遵循国家制图标准绘制，即：

a. 绘图比例应尽可能选取 1∶1，使所绘的夹具装配总图有良好的直观性。有时根据工件的大小，也可用较大或较小的比例，如工件过大时可用 1∶2 或 1∶5 的比例，过小时可用 2∶1

的比例。

b. 通常选取操作者实际工作时的位置为主视图，以便使所绘制的夹具装配总图具有良好的直观性，还可作为装配夹具时的依据并供使用时参考。视图剖面应尽可能少，但必须能够清楚地表达夹具各部分的结构。

c. 夹具装配总图中的视图应尽量少，但必须能够清楚地表示出夹具的工作原理和构造，以及各种装置或元件之间的位置关系等。

②被加工工件按照加工状态用双点画线画出外形轮廓和主要表面（定位面、夹紧面、加工表面），可将工件轮廓线视为"透明体"，可对其剖视表示，其加工余量用网纹线表示。

③根据工件定位基准的类型和主次，选择合适的定位元件，按照工件的形状及位置绘出定位元件的具体结构，合理布置定位点，以满足定位设计的相容性。

④根据定位对夹紧的要求，按照夹紧原则选择最佳夹紧状态及技术经济合理的夹紧系统，画出夹紧工件的状态。对空行和较大的夹紧机构，还应用双点画线画出放松位置，以表示出和其他部分的关系。

⑤围绕工件的几个视图依次绘出对刀、导向元件以及定向键等。

⑥绘制出夹具体及连接元件，把夹具的各组成元件和装置连成一体，形成一个夹具整体。

⑦确定并标注有关尺寸。

2) 夹具装配总图上需要标注的尺寸。

①夹具的轮廓尺寸（夹具的长、宽、高尺寸），对于夹具上的可动部位，应标极限位空间尺寸。

②工件与定位元件的联系尺寸及其公差，如配合尺寸、定位表面的尺寸及定位表面之间的尺寸。

③夹具与刀具的联系尺寸及其公差，用来确定夹具上对刀、导引元件位置的尺寸。

对于铣床、刨床夹具，是指对刀元件与定位元件的位置尺寸；对于钻床、镗床夹具，则是指钻（镗）套与定位元件间的位置尺寸、钻（镗）套之间的位置尺寸，以及钻（镗）套与刀具导向部分的配合尺寸等。

④夹具内部的主要配合尺寸及其公差，主要是为了保证夹具装置能满足规定的使用要求。

⑤夹具与机床的联系尺寸及其公差，用于确定夹具在机床上正确位置的尺寸。

对于车床、磨床夹具，主要是指夹具与主轴端的配合尺寸；对于铣床、刨床夹具，则是指夹具上的定向键与机床工作台上的 T 形槽的配合尺寸；标注尺寸时，常以夹具上的定位元件作为相互位置尺寸的基准；夹具上有关尺寸公差和形位公差通常取工件上相应公差的 $1/5 \sim 1/2$。

3) 夹具装配总图上尺寸公差的确定。

①夹具上定位元件之间，对刀、导引元件之间的尺寸公差。一般可取工件加工尺寸公差的 $1/5 \sim 1/3$。

②定位元件与夹具体的配合尺寸公差，夹紧装置各组成零件间的配合尺寸公差等。

a. 当生产批量较大时，考虑夹具的磨损，应取较小值，为使夹具制造不十分困难，可取较大值。

b. 当工件上相应公差未标注时，夹具上有关尺寸常取 ± 0.1 mm 或 ± 0.05 mm，角度公差（包括位置公差）常取 $\pm 10'$ 或 $\pm 5'$。

c. 确定夹具公差带时，还应注意保证夹具的平均尺寸与工件上相应的平均尺寸一致，即保证夹具上有关尺寸的公差带刚好落在工件上相应尺寸公差带的中间。

上述技术条件是保证工件相应的加工要求所必需的，其数值一般应取工件相应技术要求所规定公差数值的 $1/5 \sim 1/3$。当工件没注明要求时，夹具上主要元件间的位置公差，可以按经验取每 100 mm 为 $0.02 \sim 0.05$ mm，或在全长上不大于 0.05 mm。

③夹具装配总图上应标注的技术条件如下所述：

a. 定位元件之间或定位元件与夹具体底面之间的相互位置要求，其作用是保证工件加工表面与工件定位基准面间的位置精度。

　　b. 定位元件与连接元件（或校正基面）间的位置要求。

　　c. 对刀元件与连接元件（或校正基面）间的相互位置要求。

　　d. 定位元件表面与引导元件工作表面之间的相互位置精度要求。

　　e. 夹具在机床上安装时的位置精度要求。

　　f. 引导元件与引导元件工作表面之间的相互位置精度要求。

　　g. 定位元件的定位表面或引导元件的工作表面相对于夹具找正基准面的位置精度要求。

　　h. 与保证夹具装配精度有关的或与检验方法有关的特殊的技术要求。

　　i. 编制夹具零件明细表，夹具装配总图上还应画出零件明细表和标题栏，写明夹具名称、零件编号，填写夹具零件明细表和标题栏所规定的内容，与一般机械装配图相同。

　　规定夹具装配总图上应控制的精度项目，标注相关的技术条件。夹具的安装基面、定向键侧面和与其相垂直的平面（称为三基面体系）是夹具的安装基准，也是夹具的测量基准，因而应以此作为夹具的精度控制基准来标注技术条件，限制定位和导引元件等在夹具体上的相对位置误差及夹具的安装误差。当加工的技术要求较高时，应进行工序精度分析。

　　（6）夹具的精度校核。在夹具设计中，当夹具的结构方案拟订完之后，应该对夹具的方案进行精度分析和估算；在夹具装配总图设计完成后，还应根据夹具有关元件的配合性质及技术要求，再进行一次复核。这是确保产品加工质量而必须进行的误差分析。

　　为保证夹具设计的正确性，必须对夹具精度进行分析，验证夹具公差小于工件允许公差。

　　影响夹具精度的因素有工件定位误差、刀具安装误差、刀具位置误差、加工方法误差（包括与机床有关的误差、与刀具有关的误差、与调整有关的误差、与变形有关的误差，各项误差的总和应小于工序尺寸公差）。

　　（7）绘制夹具零件图。夹具装配总图绘制完毕后，对夹具上的非标准件要绘制零件工作图，并规定相应的技术要求。零件图视图的选择应尽可能与零件在总图上的工作位置相一致。零件工作图应严格遵照所规定的比例绘制。视图、投影应完整，尺寸要标注齐全，所标注的零件尺寸、公差及技术条件应符合夹具装配总图的要求，加工精度及表面粗糙度应选择合理。

　　在夹具设计图纸全部绘制完毕后，还有待精心制造和实践来验证设计的科学性。经试用后，有时还可能要对原设计做必要的修改。

　　要获得一项完善的、优秀的夹具设计，设计人员通常应参与夹具的制造、装配、鉴定和使用的全过程。使用合格后才算完成设计任务。

　　（8）夹具设计质量评估。夹具设计质量评估是对夹具磨损公差的大小和过程误差的留量这两项指标进行考核，以确保夹具的加工质量稳定和使用寿命较长。

3.1.2　动脑想一想

简答题

　　（1）夹具设计有哪些要求？

　　（2）绘制夹具装配总图时需要注意哪些问题？

　　（3）夹具设计有哪些步骤？

　　（4）夹具装配总图上应标注的技术条件有哪些？

　　（5）影响夹具精度的因素有哪些？

　　（6）夹具装配总图上尺寸公差如何确定？

　　（7）夹具装配总图绘制的一般步骤有哪些？

任务 3.2　夹具装配总图的标注及加工件精度分析

学习目标

知识目标：

1. 掌握夹具加工零件精度分析方法；

2. 掌握夹具装配总图的尺寸和公差。

技能目标：

1. 能对夹具装配总图标注尺寸；

2. 能对夹具装配总图标注公差。

素养目标：

1. 养成工程设计思想；

2. 具备夹具装配总图设计的职业能力。

夹具总装图的标注
及加工件精度分析

3.2.1　用心学一学

1. 夹具装配总图上应标注的尺寸和公差

（1）最大轮廓尺寸（S_L）。若夹具上有活动部分，则应用双点画线画出最大活动范围，或标出活动部分的尺寸范围。

（2）影响定位精度的尺寸和公差（S_D）。影响定位精度的尺寸和公差主要是指工件与定位元件及定位元件之间的尺寸、公差。

（3）影响对刀精度的尺寸和公差（S_T）。影响对刀精度的尺寸和公差主要是指刀具与对刀或导向元件之间的尺寸、公差。

（4）影响夹具在机床上安装精度的尺寸和公差（S_A）。影响夹具在机床上安装精度的尺寸和公差主要是指夹具安装基面与机床相应配合表面之间的尺寸、公差。

（5）影响夹具精度的尺寸和公差（S_J）。影响夹具精度的尺寸和公差主要是指定位元件、对刀或导向元件、分度装置及安装基面之间的尺寸、公差和位置公差。

（6）其他重要的尺寸和公差。其他重要的尺寸和公差为一般机械设计中应标注的尺寸和公差。

2. 夹具装配总图上应标注的技术要求

夹具装配总图上无法用特殊符号标注而又必须说明的问题，可作为技术要求用文字描述。其主要内容有夹具的装配、调整方法，如几个支承钉装配后应修磨达到等高、装配时调整某元件或临床修磨元件的定位表面等，以保证夹具精度；某些零件的重要表面应一起加工，如一起镗孔、一起磨削等，工艺孔的设置和检测；夹具使用时的操作顺序、夹具表面的装饰要求等。

3. 夹具装配总图上公差的确定

夹具装配总图上标注公差值的原则是：在满足工件加工要求的前提下，尽量降低夹具的制造精度。

（1）直接影响工件加工精度的夹具公差 δ_J。夹具装配总图上标注的第 2～5 类尺寸的尺寸公差和位置公差均直接影响工件的加工精度，取夹具装配总图上的尺寸公差或位置公差为

$$\delta_J = (1/5 \sim 1/2) \delta_K$$

式中，δ_K 为与 δ_J 相应的工件尺寸公差或位置公差。

当工作批量大、加工精度低时，δ_J 取小值，因为这样可以延长夹具的使用寿命，又不增加夹具的制造难度；反之，取大值。

对于直接影响工件加工精度的配合尺寸，在确定了配合性质后，应尽量选用优先配合。

工件的加工尺寸未注公差时，工件加工尺寸公差 δ_K 视为 IT12～IT14，夹具上相应的尺寸公差按 IT9～IT11 标注；工件上的位置要求未注公差时，工件位置公差 δ_K 视为 9～11 级，夹具上相应的位置公差按 7～9 级标注；工件上加工角度未注公差时，工件加工尺寸公差视为 $\pm 10' \sim \pm 30'$，夹具上相应的角度公差标 $\pm 3' \sim \pm 10'$（相应边长为 10～40 m 时，边长短时取大值）。

（2）夹具上其他重要尺寸的公差与配合。这类尺寸的公差与配合的标注对工件的加工精度有间接影响。在确定配合性质时，应考虑减少其影响，其公差等级可参照《夹具手册》或《机械设计手册》标注。

4. 工件在夹具上加工的精度分析

用夹具装夹工件进行机械加工时，其工艺系统中影响工件加工精度的因素很多，有定位误差 ΔD、对刀误差 ΔT、夹具在机床上的安装误差 ΔA 和夹具误差 ΔJ。在机械加工工艺系统中，影响加工精度的其他因素综合称为加工方法误差 ΔG。上述各项误差均导致刀具相对于工件的位置不精确，从而形成总的加工误差 $\sum \Delta$，如图 3.2 所示。

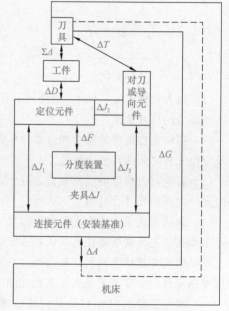

（1）定位误差 ΔD。它包括基准不重合误差和基准位移误差。

（2）对刀误差 ΔT。因刀具相对于对刀或导向元件的位置不精确而造成的加工误差，称为对刀误差。

（3）夹具的安装误差 ΔA。因夹具在机床上的安装不精确而造成的加工误差，称为夹具安装误差。

（4）夹具误差 ΔJ。因夹具上定位元件、对刀或导向元件、分度装置及安装基准之间的位置不精确而造成的加工误差，称为夹具误差。

（5）加工方法误差 ΔG。因机床精度、刀具精度、

图 3.2　影响加工精度的因素

刀具与机床的位置精度、工艺系统的受力变形和受热变形等因素造成的加工误差，统称为加工方法误差，因该项误差影响因素多，又不便于计算，所以常常根据经验为它留出工件公差 δ_K 的 1/3，计算时可设 $\Delta G = \delta_K / 3$。

5. 保证加工精度的条件

工件在夹具中加工时，总加工误差 $\sum \Delta$ 为上述各项误差之和。由于上述误差均为独立随机变量，应用概率法叠加。因此，保证工件加工精度的条件是

$$\sum \Delta = (\Delta D)^2 + \sqrt{(\Delta T)^2 + (\Delta A)^2 + (\Delta J)^2 + (\Delta G)^2} \leqslant \delta_K$$

即工件的总加工误差 $\sum \Delta$ 应不大于工件的加工尺寸公差 δ_K。

为保证夹具有一定的使用寿命，防止夹具因磨损而过早报废，在分析计算工件加工精度时，需留出一定的精度储备量 J_C。因此将上式改写为

$$\sum \Delta \leqslant \delta_K - J_C; \quad 或 J_C = \delta_K - \sum \Delta \geqslant 0$$

当 $J_C \geqslant 0$ 时，夹具能满足工件的加工要求。J_C 值的大小还表示夹具使用寿命的长短以及夹具装配总图上各项公差值确定得是否合理。

3.2.2 动脑想一想

（1）夹具装配总图上需要标注哪些尺寸和位置公差？如何确定尺寸公差？

（2）影响加工精度的因素有哪些？保证加工精度的条件是什么？

（3）何谓精度储备？

（4）保证加工精度的条件是什么？

（5）工件的加工尺寸和位置未注公差时，如何确定夹具的公差？

（6）图 3.3 所示为工序加工简图。验证钻模总图所标注的有关技术要求能否保证加工要求。

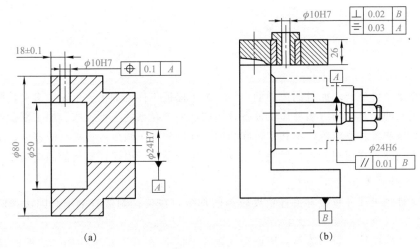

图 3.3　题（6）图

（a）工序简图；（b）钻模装配简图

任务 3.3　夹具制造及工艺性

学习目标 NEWST

知识目标：

1. 掌握夹具的制造特点；
2. 掌握保证夹具制造精度的方法。

技能目标：

1. 具备夹具零件加工制造精度保证能力；
2. 具备夹具零件工艺设计能力。

素养目标：

具备夹具加工制造的职业能力。

夹具制造及工艺性

3.3.1　用心学一学

1. 夹具的制造特点

夹具通常是单件生产，而且制造周期很短。为了保证工件的加工要求，很多夹具要有较高的制造精度。企业的工具车间有多种加工设备，例如，加工孔系的坐标镗床、加工复杂形面的万能铣床、精密车床和各种磨床等，都具有较好的加工性能和加工精度。在夹具制造中，除生产方式与一般产品不同外，在应用互换性原则方面也有一定的限制，以保证夹具的制造精度。

2. 保证夹具制造精度的方法

对于与工件加工尺寸直接有关且精度较高的部位，在夹具制造时常用修配法和调整法来保证夹具精度。

（1）修配法的应用。对于需要采用修配法的零件，可在其图样上注明"装配时精加工"或"装配时与××件配作"字样等。如图 3.4 所示，支承板和支承钉装配后，与夹具体合并加工定位面，以保证定位面对夹具体基面 A 的平行度公差。

图 3.5 所示为一钻床夹具保证钻套孔距尺寸（10 ± 0.02）mm 的方法。在夹具体 2 和钻模板 1 的图样上注明"配作"字样，其中钻模板上的孔可先加工至留一定余量的尺寸，待测量出正确的孔距尺寸后，即可与夹具体合并加工出销孔 B。显然，图 3.5 上的 A_1、A_2 尺寸已被修正。这种方法又称"单配"。图 3.6 所示为标准圆轴线对夹具体找正面 A 的平行度公差。

车床夹具的误差 ΔA 较大，对于同轴度要求较高的加工，即可在所使用的机床上加工出定位面。例如，车床夹具的测量工艺孔和校正圆的加工，可通过过渡盘和所使用的车床连接后直接加工出来，从而使这两个加工面的中心线和车床主轴中心线重合，获得较精确的位置精度。图 3.7 所示为采用机床自身加工的方法。加工时需夹持一个与装夹直径相同的试件（夹紧力也相似），然后车削软爪即可使三爪自定心卡盘达到较高的精度，注意的是卡盘重新安装时，需要重新加工卡爪的定位面。

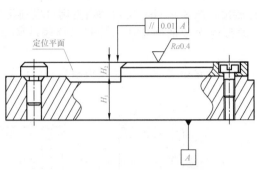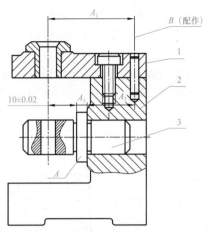

图 3.4　保证位置角度的方法

图 3.5　钻床修配法的应用

1—钻模板；2—夹具体；3—定位销

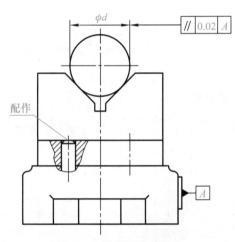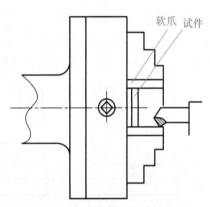

图 3.6　铣床模具修配法

图 3.7　车床夹具修配法的应用

镗床夹具也常采用修配法。例如，将镗套的内孔与使用的镗杆的实际尺寸单配间隙为 0.008～0.01 mm，即可使镗模具有较高的导向精度。

夹具的修配法都涉及夹具体的基面，从而不致使各种误差累积，能够达到预期的精度要求。

（2）调整法的应用。调整法与修配法相似，在夹具上通常可设置调整垫圈、调整垫板、调整套等元件来控制装配尺寸。这种方法较简易，调整件选择得当即可补偿其他元件的误差，从而提高夹具内制造精度。

例如，将图 3.8 所示的钻模改为调整结构，则只要增设一个支承板，待钻模板装配后再按测量尺寸修正支承板的尺寸 A 即可。

3. 结构工艺性

夹具的结构工艺性主要表现为夹具零件制造、装配、

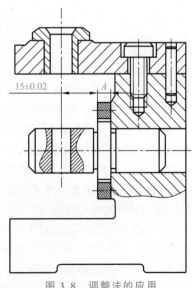

图 3.8　调整法的应用

调试、测量和使用等方面的综合性能。夹具零件的一般标准和铸件的结构要素等，均可查阅有关手册进行设计。以下就夹具零部件的加工、维修、装配和测量等工艺进行分析。

（1）注意加工和维修的工艺性。夹具主要元件的连接定位采用螺钉和销钉。图 3.9（a）所示的销钉孔制成通孔，以便于维修时能够将销钉压出，图 3.9（b）所示的销钉则可以利用销钉孔底部的横向孔拆卸，图 3.9（c）所示为常用的带内螺纹的圆锥销［详见《内螺纹圆锥销》（GB/T 118－2000）］。

图 3.10 所示为两种可维修的衬套结构，它们在衬套的底部设计了螺孔或缺口槽，以便使用工具将其拔出。

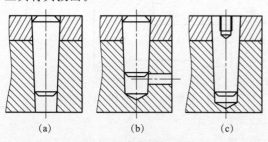 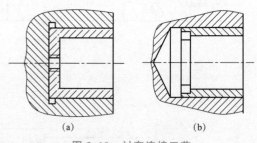

图 3.9　销孔连接工艺　　　　　　　　　　　图 3.10　衬套连接工艺
（a）销钉孔制成通孔；（b）设有横向孔式；（c）带内螺纹式　　　　（a）底部螺孔；（b）底部缺口槽

图 3.11 所示为几种螺纹连接结构。其中，图 3.11（a）所示为螺孔太长，图 3.11（d）所示为螺钉太长且凸出外表面。在设计时这两种情况都要避免。

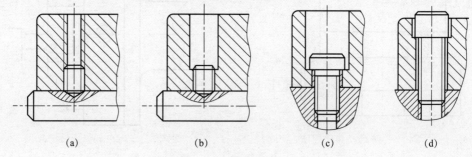

图 3.11　螺纹连接工艺
（a）成本较高；（b）较好；（c）好；（d）较差

（2）注意装配测量的工艺性。夹具的装配测量是夹具制造的重要环节。无论是修配法装配或调整法装配，还是用检具检测夹具精度，都应处理好基准问题。

为了使夹具的装配测量具有良好的工艺性，应遵循基准统一原则，以夹具体的基面为统一的基准，以便于装配、测量时保证夹具的制造精度。

图 3.12 所示为用数显高度游标尺测量钻模孔距的方法。由于盖板钻模没有夹具体，故直接以钻模板及定位元件为测量基准。

图 3.13 所示为用检验棒和量块测量 V 形块标准圆的中心高尺寸和平行度的方法。

图 3.14 所示为检验、测量镗模导向孔平行度的方法。装配时可通过修刮支架底面来保证镗模的中心高尺寸和平行度要求。

当夹具体的基面不能满足上述要求时，可设置工艺凸台或工艺孔。图 3.15 所示为对中常用的工艺方法。图 3.15（a）所示为测量 V 形架中心位置的工艺凸台，可控制其尺寸 A。当尺寸较复杂时，可用工艺孔控制，图 3.15（b）所示为测量定位销座位置的工艺孔 K，当工件中心高尺寸为 44 时，可先设定工艺孔至定位面的高度尺寸为 60 ± 0.05，则工艺孔水平方向的尺寸 x 为

$$x = \frac{60-44}{\tan 30°} = 27.71$$

图 3.15（c）所示为测量钻套位置的工艺孔，图纸上 l、α 为已知数，L 为设定尺寸，则

$$x = \left(l - \frac{L}{\tan\alpha} \right) \sin\alpha$$

工艺孔的直径一般为 $\phi 6H7$、$\phi 8H7$、$\phi 10H7$ 等。使用工艺孔或工艺凸台可以解决上述装配、测量中的问题。

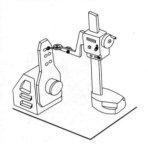

图 3.12　盖板钻模测量

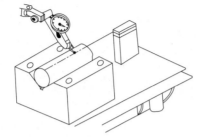

图 3.13　测量 V 形块的精度

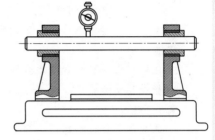

图 3.14　镗模导向孔精度测量

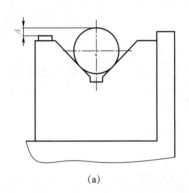

(a)

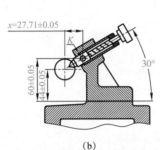

(b)

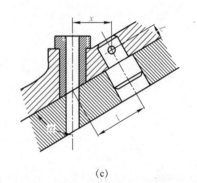

(c)

图 3.15　工艺凸台和工艺孔的应用

（a）测量 V 形架中心位置的工艺凸台；（b）测量定位销座位置的工艺孔；（c）测量钻套位置的工艺孔

3.3.2　动脑想一想

（1）什么是夹具的结构工艺性？

（2）保证夹具制造精度的方法有哪些？

（3）夹具零件的制造特点有哪些？

（4）什么是修配法？

（5）什么是调整法？

（6）夹具的结构工艺性需要注意什么？

任务 3.4　夹具整体设计案例

夹具整体设计案例

学习目标 NEW!

知识目标：
1. 了解夹具整体设计的过程；
2. 掌握夹具整体设计的相关计算方法。

技能目标：
1. 能够掌握夹具设计基本步骤；
2. 能够熟悉夹具设计基本方法。

素养目标：
1. 养成创新设计思想；
2. 初步具备夹具设计的职业能力。

3.4.1　用心学一学

如图 3.16 所示，杠杆零件在本工序中需钻、扩、铰 $\phi 10 H9$ 孔以及钻 $\phi 11$ 孔。工件材料为 45 钢，毛坯为模锻件，中批量生产。

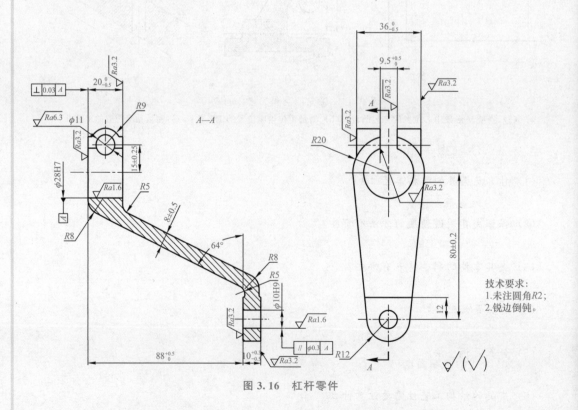

图 3.16　杠杆零件

1. 明确设计任务，收集分析原始资料

（1）加工零件图。杠杆零件如图 3.16 所示。

（2）主要工艺流程。杠杆工件的主要加工工艺过程见表 3.1。

表 3.1　杠杆工件的主要加工工艺过程

序号	工序内容	使用设备
010	铣 $\phi28H7$ 孔及两端面	铣床 X5032
020	钻、扩、铰 $\phi28H7$ 孔并刮端面 K	钻床 Z5135
030	铣 $\phi10H9$ 孔的两端面	铣床 X6132A
040	钻、扩、铰 $\phi10H9$ 孔和钻 $\phi11$ 孔	钻床 Z5125
050	铣 $\phi11$ 孔的两端台阶面	铣床 X6132A
060	铣 $9.5^{+8.5}$ 槽	铣床 X6132A

（3）设计任务书。设计任务书的主要内容见表 3.2。

表 3.2　设计任务书

工件名称	杠杆	夹具类型	钻床夹具
材料	钢 45	生产类型	中批生产
机床型号	钻床 Z5125	同时装夹工件数	1

（4）工序简图。本夹具设计第四道工序为钻、扩、铰 $\phi10H9$ 孔和钻 $\phi11$ 孔。本工序加工简图见图 3.17（网状线位置为本工序去掉材料位置，后续图中均采用此法表示，不再说明）。

（5）分析原始资料。分析原始资料主要从以下几个方面进行。

1）工件毛坯为模锻件，精度较高，这可以使工件粗加工时定位较可靠。

2）工件的轮廓尺寸较小，质量小，但刚性差、结构较复杂，这就要求夹紧力应确定得合理，以防止工件变形。

3）本工序前已加工的表面有如下两个：

① $\phi28H7$ 孔及两端面。其中 K 面与 $\phi28H7$ 孔是在一次安装中完成加工的，因而 K 面与 $\phi28H7$ 孔轴线的垂直度误差比 0.03 mm 小，由图 3.17 可知，该孔及其端面 K 为本工序的定位基准。

② $\phi10H9$ 孔的两端面也已加工，其位置尺寸为 $88^{+0.5}_{0}$ 和 $10^{+0.3}_{-0.5}$，$\phi10H9$ 孔的两端面与 $\phi28H7$ 孔轴线的垂直度误差属"未注公差"范畴，因此其加工精度不高。

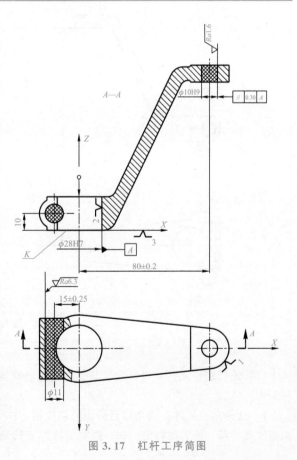

图 3.17　杠杆工序简图

4）本工序所使用的机床为 Z5125 立式钻床，刀具为通用标准刀具。

5）生产类型为中批生产。

由设计任务书及图 3.16 可知，工件加工要求较低，生产批量不大，因此所设计的夹具结构不宜过于复杂。应在保证工件加工精度和适当提高生产率的前提下，尽可能地简化夹具的结构，以缩短夹具设计与制造周期，降低设计与制造成本，获得良好的经济效益。

2. 确定夹具结构

（1）根据六点定位规则确定工件的定位方式。由图 3.18 可知，该工序限制了工件的六个自由度。现根据加工要求来分析其必须限制自由度数目及其基准选择的合理性。

根据工件的结构特点，其定位基准的选择方案有以下两种。

1）以 $\phi 28H7$ 孔及组合面（端面 K 和 $\phi 10H9$ 孔的一个端面组合而成）为定位面，限制工件的五个自由度（$\vec{X}$、$\vec{Y}$、$\vec{Z}$、$\hat{X}$、$\hat{Y}$）；以 $\phi 10H9$ 孔外缘毛坯一侧为防转定位面，限制工件的 Z 转动自由度。图 3.18（a）所示为杠杆零件钻孔定位夹紧方案一。这一定位方案，由于尺寸 $88^{+0.5}_{0}$ 的公差大，很难实现两端面同时与定位元件的工作面接触，因此定位不稳定，且定位误差较大。

2）以 $\phi 28H7$ 孔及端面 K 定位，限制工件的五个自由度（$\vec{X}$、$\vec{Y}$、$\vec{Z}$、$\hat{X}$、$\hat{Y}$）；以 $\phi 10H9$ 孔外缘定位，限制工件的 Z 转动自由度。为增加刚性，在 $\phi 10H9$ 孔的端面增设一辅助支承，如图 3.18（b）所示。由于定位精度不受尺寸 $88^{+0.5}_{0}$ 的影响，因此定位误差较图 3.18（a）所示的方案要小，定位也较稳定。

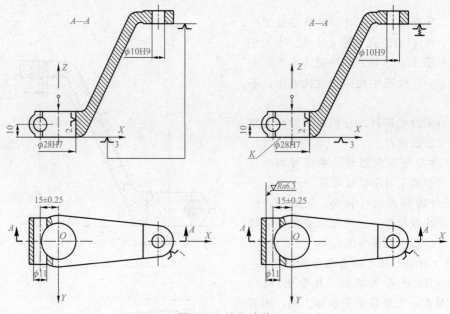

图 3.18 定位方案
(a) 方案一；(b) 方案二

（2）选择定位元件，设计定位装置。根据已确定的定位基面结构形状，确定定位元件的类型和结构尺寸。

1）选择定位元件。选用带台阶面的定位销，作为以 $\phi 28H7$ 孔及端面 K 定位的定位元件。以 $\phi 10H9$ 孔外缘一侧为防转定位向，限制工件的 Z 转动自由度，可采用的定位元件有以下两种形式。

①支承钉。支承钉与工件外缘接触，限制了 Z 转动自由度，其结构如图 3.19（a）所示。用这种定位元件定位时，$\phi10$H9 孔加工后与毛坯外缘的对称度将受毛坯精度的影响，因此应用可调支承，以便根据每批毛坯的精度进行调整。另外，根据生产类型，可调支承采用螺旋式。

②可移动 V 形块。如图 3.19（b）所示，采用沿 X 方向可移动的 V 形块，以限制工件的 Z 转动自由度。由于 V 形块定位有良好的对中性，所以可使 $\phi10$H9 孔加工后的位置不受毛坯精度的影响，而处于毛坯外缘的对称平面内。但此定位装置结构复杂，受夹具结构的限制，很难布置。此外，V 形块除定位外，尚需夹紧作用，若操作不慎，就可能破坏定位方式。

由于 $\phi10$H9 孔对毛坯外缘的对称度要求较低，属于未注公差，而所确定的毛坯为模锻件，精度比较高，同时，又采用了可调支承定位等，所以确定选用如图 3.19（a）所示的方案为最终方案，可调支承的结构与尺寸按《机床夹具设计手册》中"定位元件"国家标准选用。

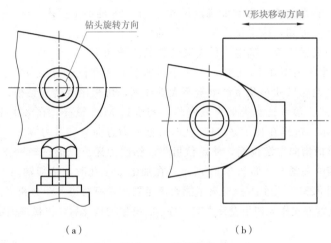

图 3.19 定位结构

（a）支承形式；（b）可移动 V 形凹式

2）确定定位元件尺寸及配合公差。工件定位孔 $\phi28$H7 与定位圆柱采用间隙配合，参考夹具设计资料选为 $\phi28\dfrac{\text{H7}}{\text{g6}}$，因此定位圆柱的尺寸与公差为 $\phi28$g6 $=\phi28^{+0.007}_{-0.020}$。

（3）分析计算定位误差。这里主要是计算本工序要保证的位置精度的定位误差，以判别所设计的定位方案能否满足加工要求。

1）计算加工 $\phi10$H9 孔至 $\phi28$H7 轴心线距离尺寸 80 ± 0.2 的定位误差。由图 3.19（b）可知，定位基准与设计基准重合，所以 $\Delta_{\text{B}}=0$。

$$\Delta_{\text{Y}}=X_{\max}=0.021-(-0.020)=0.041$$

因此

$$\Delta_{\text{D}}=\Delta_{\text{B}}+\Delta_{\text{Y}}=0+0.041=0.041$$

定位误差的允许值 $\Delta_{\text{D允}}$ 为

$$\Delta_{\text{D允}}=\frac{1}{3}\delta_{\text{G}}=\frac{1}{3}\times0.4\approx0.133$$

由于 $\Delta_{\text{D}}<\Delta_{\text{D允}}$，因而此定位方案能满足尺寸（$80\pm0.2$）mm 的加工要求。

2）计算 $\phi10$H9 孔轴线与 $\phi28$H7 孔轴线平行度公差 0.3 mm 的定位误差。同理 $\Delta_{\text{D}}=\Delta_{\text{Y}}+\Delta_{\text{B}}$。尽管加工 $\phi10$H9 孔时的定位基准是 $\phi28$H7 孔，基准重合，但由于用短圆柱销定位，没有限制对此平行度公差有影响的 Y 旋转自由度（自由度是由台阶端面限制的），因此 $\Delta_{\text{B}}=0.03$。Δ_{Y}

是定位圆柱销与台阶端面的垂直度误差。由于这两个内孔表面是在一次中加工的，其误差很小，可忽略不计，故 $\Delta_Y=0$，这样，此项定位误差 $\Delta_D=\Delta_B+\Delta_Y=0.03$。

定位误差允许值 $\Delta_{D允}$ 为

$$\Delta_{D允}=\frac{1}{3}\delta_G=\frac{1}{3}\times0.3=0.1$$

由于 $\Delta_D<\Delta_{D允}$，因此该定位方案也能满足两孔轴线平行度 0.3 的加工要求。

3) 加工 $\phi11$ 的孔，要求保证其轴线与 $\phi28H7$ 孔轴线距离尺寸精度 15 ± 0.25 的定位误差。同上计算 $\Delta_D=\Delta_Y+\Delta_B$，$\Delta_B=0$。而 Δ_Y 值与加工 $\phi10H9$ 的孔相同，只是方向沿加工尺寸 15 mm 的方向。因此，$\Delta_Y=0.041$，$\Delta_D=\Delta_Y=0.041$。定位误差允许值 $\Delta_{D允}$ 为

$$\Delta_{D允}=\frac{1}{3}\delta_G=\frac{1}{3}\times0.5=0.167$$

由于 $\Delta_D<\Delta_{D允}$，因此该定位方案能满足尺寸 15 ± 0.25 的加工要求。

由以上分析与计算可知，该定位方案是可行的。

(4) 确定工件的夹紧装置。确定工件夹紧装置的步骤如下。

1) 确定夹具类型。由图 3.16 可知，本工序所加工的两孔位于互成 90° 的平面内，由于孔径不大、工件质量小、轮廓尺寸小及生产批量不大等原因，可采用翻转式钻模。

2) 确定夹紧方式。参考已有类似夹具资料，初步选 M12 螺杆，在 $\phi28H7$ 孔的上端面夹紧工件，如图 3.20 所示。这样在加工 $\phi10H9$ 孔时，钻削力方向与夹紧力方向一致，可以减小夹紧力；同时，夹紧力方向指向主定位面，使定位可靠。钻削力还可以通过辅助支承由夹具承受，这样也有助于减小所需的夹紧力。如图 3.21 所示，在加工 $\phi11$ 孔时，钻削轴向力 F_X 有使工件转动的趋势，因而仅采用 $\phi28H7$ 孔上方一处夹紧能否满足要求，有待进一步分析。为使夹具结构简单、操作方便，暂以此夹紧方式作为初步设计方案，待进行夹紧力核算后，再最终确定该方案是否可行。

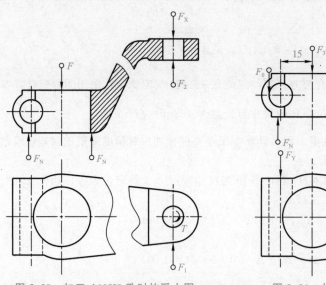 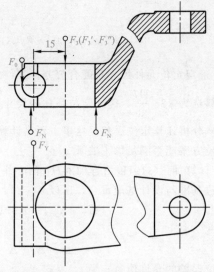

图 3.20　加工 $\phi10H9$ 孔时的受力图　　　图 3.21　加工 $\phi11$ 孔时的受力图

3) 夹紧机构。由于生产批量不大，加工精度要求较低，此夹具的夹紧结构不宜太复杂。所以可采用螺旋式夹紧方式。螺栓直径暂采用 M12。为操作方便，缩短装卸工件的时间，可采用开口垫圈。

4) 估算夹紧的可靠性。如图 3.20 所示，加工 $\phi10H9$ 孔时，工件受到的钻削轴向力 F_X 同向，作用于定位支承面上，而工件受到的钻削力偶矩 T 又使工件紧靠于可调支承上，所用钻头

直径为 $\phi9.8$，且小于加工另一个 $\phi11$ 孔的钻头直径，因此，对加工此孔来说，夹紧是可靠的，不必进行夹紧力验算。

如图 3.21 所示，加工 $\phi11$ 孔时，工件受到的钻削轴向力 F_Y，有使工件绕 Z 轴旋转的趋势，而工件受到的钻削力偶矩 T，有使工件翻转的趋势。为防止上述两种情况的发生，夹具夹紧机构应具有足够的夹紧力及摩擦力矩，为此需对夹紧力进行验算。验算过程在这里不做讨论。

（5）确定引导元件。确定引导元件主要是确定钻套的结构类型和主要尺寸。

1）对 $\phi10H9$ 孔，为适应钻、扩、铰选用快换钻套，钻套结构应根据《机械夹具设计手册》中的"夹具零件及部件"国家标准来选取，主要尺寸按下面的方法确定。

①钻头直径为 $\phi9.0_{-0.022}^{0}$，扩孔钻直径为 $\phi9.8_{-0.022}^{0}$，铰刀直径为 $\phi10_{-0.017}^{+0.030}$，钻套内径为 $\phi9.0F8$，即 $\phi9.0_{-0.013}^{+0.035}$；扩孔钻套内径为 $\phi9.8F8$，即 $\phi9.8_{-0.013}^{+0.035}$；铰套内径为 $\phi(10+0.030)G7$，即 $\phi10.03_{-0.016}^{+0.024}=\phi10_{-0.036}^{+0.054}$。

②外径均为 $\phi15_{-0.001}^{+0.012}$。

③衬套内径为 $\phi15_{-0.014}^{+0.034}$，外径为 $\phi22_{-0.016}^{+0.028}$。

④钻套端面至加工面间的距离一般取 $(0.3\sim1)d$（d 为钻头直径），取 8。

2）对 $\phi11$ 孔，钻套类型本应选用固定式钻套，但为维修方便，也可采用可换钻，其结构仍按照《机床夹具设计手册》中"夹具零件及部件"国家标准来选取，其主要尺寸如下：

①钻头直径为 $\phi11_{-0.027}^{0}$，钻套内径为 $\phi11F8$，即 $\phi11_{-0.016}^{+0.034}$；钻套外径为 $\phi18_{-0.001}^{+0.012}$。

②衬套内径为 $\phi18_{-0.016}^{+0.034}$，外径为 $\phi26_{-0.015}^{+0.028}$。

③钻套端面至加工面的距离选取原则同上，因加工精度低，为了排屑方便，取 12。

④各引导元件至定位元件间的位置尺寸，按有关夹具设计资料确定，分别取为 15 ± 0.03 和 80 ± 0.05，各钻套轴线对基面的垂直度为 0.02。

（6）确定其他结构。为便于排屑，辅助支承采用螺旋套筒式；为便于夹具制造、调试与维护，钻模板与夹具的连接采用装配式。夹具体采用开式，使加工、观察、清理切屑都比较方便。

3. 绘制结构草图

按前面介绍的绘制结构草图的方法，在完成夹具各部分结构的设计后，便可绘制出夹具结构的草图。

4. 夹具精度分析

由图 3.16 可知，所设计的夹具需保证的加工要求有：尺寸 15 ± 0.25、尺寸 80 ± 0.2、尺寸 14 及 $\phi10H9$ 孔和 $\phi28H7$ 孔轴线间的平行度公差 0.30 四项。除尺寸 14 属于未注公差，以及加工 $\phi11$ 孔时，基准重合，定位误差为零，不必进行验算外，其余各项精度要求均需验算（验算过程略）。

5. 绘制夹具总装图

根据已绘制的夹具结构草图，经检查、修改、审核后，按夹具装配总图绘制的方法及程序，绘制正式的钻床夹具装配总图，如图 3.22 所示。

6. 确定夹具技术要求和有关尺寸以及公差配合

夹具技术要求和有关尺寸以及公差配合是根据教材和有关资料、手册规定的原则和方法确定的，本夹具的技术要求和公差配合如下。

（1）技术要求。

1）定位元件与夹具底面的垂直度误差允许值为 0.03。

2）导向元件与夹具底面的垂直度误差允许值为 0.05。

3）导向元件衬套与夹具底面（F）的平行度误差允许值为 0.02。

（2）公差配合。

1）$\phi 10H9$ 孔钻套、衬套、钻模板上内孔之间的配合代号及精度分别为 $\phi 26\dfrac{M7}{n6}$（衬套—钻模板）、$\phi 18\dfrac{M7}{g6}$（钻套—衬套）。

2）$\phi 11$ 孔钻套、衬套、钻模板上内孔之间的配合代号及精度分别为 $\phi 26\dfrac{M7}{n6}$（衬套—钻模板）、$\phi 18\dfrac{M7}{g6}$（钻套—衬套）。

3）其余部位的公差配合代号及精度如图 3.22 所示。

7. 绘制夹具零件图

夹具装配总图绘制完成后，应给出夹具中的所有非标准零件。绘制夹具中非标准零件图时，应按配合机械零件设计要求进行，绘出零件图后，尤其对结构、形状复杂的零件，要着重对其结构工艺性进行分析，分析在现有的条件下，能否将这些零件方便地制造出来，是否经济。另外，还要检查零件图的尺寸标注，尤其是相互位置精度与表面粗糙度的标注。

8. 编写设计说明书

按照编写设计说明书包括的内容，将此夹具设计的过程内容加以整理后，编写出设计说明书。

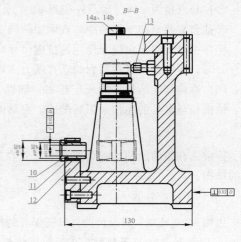
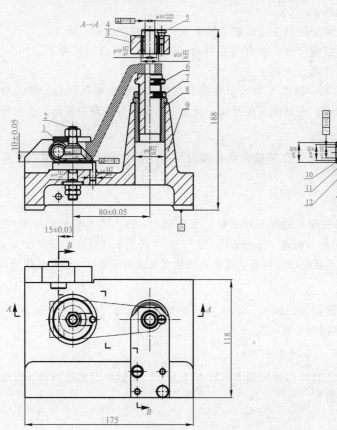

图 3.22　杠杆加工夹具装配总图

1—开口垫圈；2—定位销；3、12—钻模板；4、11—衬套；5—钻套螺钉；6—辅助支承；7—锁紧螺母；
8—支承套；9—夹具体；10—钻套；13—可调支承；14a、14b—快换钻套

3.4.2 动脑想一想

分析题

(1) 图 3.23 所示为短轴零件简图和加工位置精度，分析夹具的公差标注是否合理。

①ϕ16H9 孔对 ϕ50 外圆轴线的垂直度公差为 0.10/100。

②ϕ16H9 孔对 ϕ50 外圆轴线的对称度公差为 0.1。

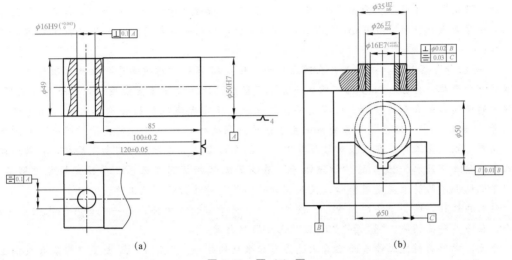

图 3.23　题（1）图

（a）短轴零件图；（b）短轴钻床钻孔夹具装配图

(2) 图 3.24 所示为支架零件，本工序要求钻、铰 ϕ20H9 的孔，零件材料为 35 钢，设计加工夹具。

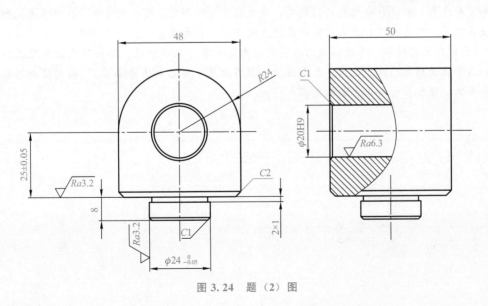

图 3.24　题（2）图

航天精神

"我们有幸成了人们的踩路石，不管春露秋霜，无论冬来夏往，石子铺就的小道或大道，任由人们踩踏。因为石子的承受，才有了人走的路，相伴着人生辉煌……"一位航天人如此深情地写道。

"嫦娥四号"在世界上实现首登月背，我们的"玉兔"一步又一步地迈着努力的步伐，带着我们的"眼睛"探寻月球。截至2020年10月24日，"嫦娥四号"着陆器和"玉兔二号"月球车已在月球背面累计行驶565.9 m。565.9 m看似不长，但每一步都是千千万万科技工作者的担当和奉献。

"嫦娥四号"落月后，一张照片在网上广为流传：48岁的"嫦娥四号"探测器项目执行总监张熇因激动而难以自已，74岁的"嫦娥一号"卫星总设计师叶培建紧紧握住她的手。这次握手，是使命的传递，是青春的接力。还有更年轻的一代，正在燃烧他们的青春，比如，34岁的"嫦娥四号""鹊桥"中"继星"星务分系统主管设计师侯文才，和同事们完成了"鹊桥"的方案设计、生产、测试等工作。在测控对接任务中，他们在白雪覆盖的北方林海留下脚印，在黄沙遍地的西部戈壁洒下汗水。29岁的"嫦娥四号"着陆器测试指挥岗齐天乐，举行完婚礼的第二天，就坐早班机去了西昌卫星发射中心，投入"嫦娥四号"着陆器的测试工作。

特别的精神，照亮了特别的青春。接过老一辈科学家的接力棒，新一代的年轻人快速奔跑。如今，在许多科技领域，"80后""90后"已经挑起大梁。

今天，中国的科技工作者面临着比过去更加艰巨的任务。"我们是解决了'人家有我们也要有'的问题，现在你们要解决的是'人家没有我们有''人家有我们要做得更好'的问题。"戚发轫说。

新一轮科技革命和产业变革正在进行，如何抓住机遇，实现党的十九届五中全会提出的科技自立自强与"四个面向"？2020年刚获得陈嘉庚青年科学奖的"80后"科技工作者、南京大学地球科学与工程学院教授唐朝生的回答铿锵有力："'四个面向'为我国科技工作者清晰地指明了道路和发展方向，那就是要做前沿的研究，要做有价值的研究，要做国家和人民有需要的研究！"

使命艰巨，但也光荣，载人航天精神将激励年轻一代奋勇前行。

"人生因奋斗而精彩，青春因梦想而美丽，梦想就像一朵朵浪花，汇成了中国梦这条奔涌的长河，愿年轻的朋友们敢于追梦、勤于圆梦，书写出属于自己的青春华章。"航天员刘洋的这番感悟和希冀，送给每一个正青春的中国人。

模块二 夹具设计实践

项目4 车床夹具设计

 情境导入

　　车床夹具按其使用范围大小，可分为通用车床夹具和专用车床夹具两大类。通用车床夹具主要有自定心卡盘、单动卡盘、拨动顶尖等。此类车床夹具已经完全标准化，成为工业商品，由专门的厂家商业化生产，故本书只讲述专用车床夹具的设计。专用车床夹具按其结构形式和装夹工件的方式不同，分为心轴类车床夹具、卡盘类车床夹具和角铁类车床夹具。

车床专用夹具设计

　　（1）心轴类车床夹具。心轴类车床夹具通常用于以工件的内孔作为定位基准，加工外圆柱面的情况。典型的心轴类车床夹具有圆柱心轴、弹簧心轴和顶尖式心轴等。

　　（2）卡盘类车床夹具。卡盘类车床夹具的结构特点是具有卡盘形状的夹具体。使用卡盘类车床夹具加工的工件形状一般比较复杂，多数情况是工件的定位基准为与加工圆柱面垂直的端面，夹具上的平面定位件与车床主轴的轴线相垂直。

　　（3）角铁类车床夹具。角铁类车床夹具的结构特点是具有类似角铁形状的夹具体，常用于加工壳体、支座、接头等形状复杂工件的内、外圆柱面和端面。

　　由于车床夹具一般是安装在机床的主轴上，随主轴高速旋转，因此对车床夹具的设计有特别的要求。

　　（1）夹具的结构要紧凑。夹具外轮廓尺寸要尽可能小，质量尽可能轻，夹具重心应尽可能靠近回转轴线，减少惯性力和回转力矩。

　　（2）夹具设计时应考虑设计平衡结构。消除夹具回转中可能产生的不平衡现象，以避免振动对工件加工质量和刀具寿命的影响。特别是角铁类车床夹具最容易出现此类问题。平衡措施主要有两种方法，即设置平衡块和增设减重孔。

　　（3）夹具的夹紧力要求夹紧迅速、可靠。设计时还要注意夹具旋转惯性力可能使夹紧力有减小的倾向，为防止回转过程中夹具夹紧元件的松脱，要设计好可靠的自锁结构。

　　（4）夹具与车床主轴的定位和连接要准确、可靠。连接轴或连接盘（过渡盘）的回转轴线与车床主轴的轴线应具有尽可能高的同轴度。对于外轮廓尺寸较小的夹具，可采用莫氏锥柄与机床主轴锥孔配合连接；对于外轮廓尺寸较大的夹具，可通过特别设计的过渡盘与机床主轴轴颈配合连接。无论哪一种连接方式，都要注意连接牢固，不能产生松动情况。特别要考虑当主轴高速旋转、急刹车时，夹具与主轴之间应设有防松装置。

　　（5）工件尺寸不能大于夹具体的回转直径。夹具上所有的元件和装置不能大于夹具体的回转直径。靠近夹具体外缘的元件，应尽量避免有凸起的部分，必要时回转部分外面可加装防护罩。

任务 4.1　心轴类车床夹具设计

学习目标

知识目标：

1. 掌握心轴类车床夹具的结构特点；

2. 掌握心轴类车床夹具基本流程。

技能目标：

1. 能运用心轴类车床夹具设计方法，并进行技术标注；

2. 具备心轴类车床夹具设计结构分析与设计能力。

素养目标：

1. 养成创新设计思想；

2. 具备心轴类车床夹具设计的职业能力。

衬套

任务分析

任务描述：衬套零件如图 4.1 所示，工件材料为 45 钢，其中 $\phi 56$ 外圆及端面、$\phi 45^{+0.025}_{0}$ 内孔已经加工完毕，本工序要求加工 $\phi 52^{0}_{-0.046}$ 外圆及端面、$4 \times \phi 50$ 槽及倒角 C1。

设计要求：设计夹具完成本工序加工，要求采用车床加工，操作方便，装夹时间尽量减少，夹紧可靠，不能破坏已加工表面。生产规模为大批量生产。

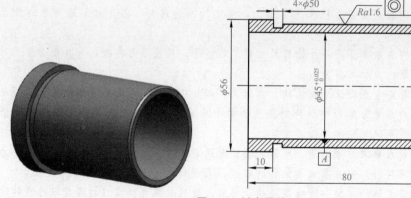

图 4.1　衬套零件

任务实施

1. 明确任务，收集分析原始资料

（1）加工工件零件图。衬套零件如图 4.1 所示，为套内零件。

（2）主要加工工艺过程。本工序要求采用车床加工 $\phi 52^{0}_{-0.046}$ 外圆及端面、$4 \times \phi 50$ 槽及倒角 C1。

（3）设计任务书（表4.1）。

表 4.1　设计任务书

工件名称	限位衬套	夹具类型	车床夹具
材料	45 钢	生产类型	大批量
机床型号	CA6140	同时装夹数	1 件

（4）工序简图（图4.2）。

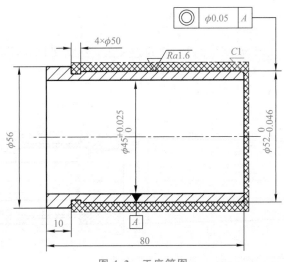

图 4.2　工序简图

（5）分析原始资料。

1）工件属于套类零件，结构简单，尺寸较小，壁薄，刚性差，容易变形，在加工时需考虑夹紧力的合理性，防止工件变形。

2）本工序需要加工的尺寸有 $\phi 52_{-0.046}^{0}$ 外圆及端面、$4 \times \phi 50$ 槽及倒角 $C1$，$\phi 52_{-0.046}^{0}$ 尺寸要求粗糙度为 $Ra1.6$，同轴度为 $\phi 0.05$。

3）本工序前已完成的加工表面有两个，分别是 $\phi 45_{0}^{+0.025}$ 的内孔和 $\phi 56$ 外圆及端面。可考虑以 $\phi 45_{0}^{+0.025}$ 的内孔和 $\phi 56$ 的端面作为定位基准。

4）本工序使用的机床为 CA6140 卧式车床。刀具为焊接式硬质合金 90°外圆车刀和 4 mm 宽切槽刀。

5）生产类型为大批量生产。

2. 确定夹具结构方案

根据加工件外形结构和加工工序要求，采用通孔弹性夹头定心夹具，以具有弹性结构的内夹头作为定位和夹紧元件来装夹工件。根据基准重合的原则，选择 $\phi 45_{0}^{+0.025}$ 内孔及 $\phi 56$ 外圆端面作为定位基准。孔定位元件为内夹式弹性夹头，端面定位元件为 5 号莫氏锥柄心轴的端面。

（1）确定定位方式。选择 $\phi 45_{0}^{+0.025}$ 内孔及 $\phi 56$ 外圆左端面作为定位基准。$\phi 45_{0}^{+0.025}$ 内孔限制 $\overrightarrow{X}$、$\overrightarrow{Y}$、$\widehat{X}$、$\widehat{Y}$。$\phi 56$ 外圆左端面限制 $\overrightarrow{Z}$。工件属于回转体，$\widehat{Z}$ 可以不用限制，如图 4.3 所示。

（2）选择定位元件并确定其尺寸和配合公差。

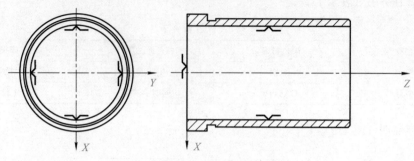

图 4.3　定位方式

1) 选择定位元件。孔定位元件为内夹式弹性夹头，端面定位元件为心轴的端面定位，如图 4.4 所示。

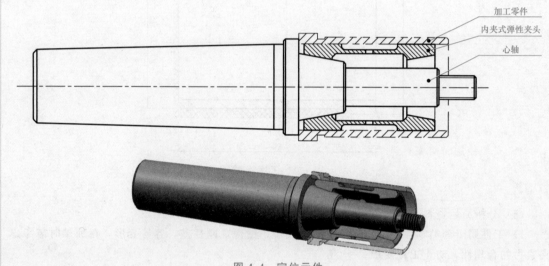

加工零件

内夹式弹性夹头

心轴

图 4.4　定位元件

2) 确定定位元件尺寸和配合公差。内夹式弹性夹头为自定心元件，在使用过程中会随着夹紧力变形，不做配合公差考虑。心轴与加工件端面有配合，需考虑加工件轴线与心轴接触面的垂直度公差。查阅《机床夹具设计手册》取垂直度 0.05。

（3）分析计算定位误差。在加工尺寸中，定位尺寸有同轴度 $\phi 0.05$。

分析同轴度公差 $\phi 0.05$。工件是以弹性心轴作为定位元件，由于定位副间不存在径向间隙，故可认为加工位置的中心线与弹性心轴轴线重合，没有基准位移误差，即 $\Delta_Y = 0$。此时的定位基准和工序基准重合，即 $\Delta_B = 0$，因此 $\Delta_D = 0$。

$$\Delta_{D允} = \frac{1}{3}\delta_G = \frac{1}{3}\times 0.05 = 0.017$$

由于 $\Delta_D < \Delta_{D允}$，因此该方案满足同轴度 $\phi 0.05$ 公差要求。

（4）确定夹紧装置。

1) 确定夹具类型。本工序加工尺寸要求不高，采用弹性夹头定心夹具结构。

2) 确定夹紧方式。该夹具采用锥形胀套的轴向推动使弹性夹头产生弹性变形，从而将工件的内孔胀紧，达到夹紧的目的。

（5）确定导向元件。锥形胀套在夹紧过程中的移动需要进行导向设计，采用心轴进行导向。

（6）确定其他结构。为实现快速装夹加工件，采用开口垫圈实现快换。

3. 绘制总装结构草图

根据定位和夹紧机构的设计，得到夹具基本结构，如图4.5所示。

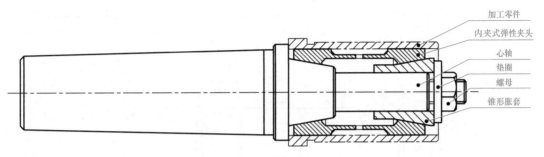

图 4.5　结构草图

4. 确定夹具技术要求和有关尺寸以及公差配合

（1）技术要求。

1）装配前所有零部件进行浸油处理；

2）零件不得有毛刺、飞边、灰尘等；

3）装配时不允许有磕碰和划伤；

4）安装使用时对夹具进行定位和夹紧校核。

（2）公差配合。锥形胀套与心轴之间：同轴度 $\phi 20 \dfrac{\text{H7}}{\text{f7}}$。

5. 确定夹具零件材料

查阅《机床夹具设计手册》，确定夹具各零件材料及热处理方式。

（1）锥形胀套：T7A，淬火 53～58 HRC。

（2）心轴：45 钢，淬火 43～48 HRC。

（3）垫圈：45 钢，淬火 38～42 HRC。

（4）内夹式弹性夹头：65M 夹持部分淬火＋回火 56～61 HRC，弹性部分淬火 43～48 HRC。

（5）螺母：《六角标准螺母（I 型）强牙》（GB/T 6171—2016），M12。

6. 夹具分析与使用方法

本夹具最大的特点是结构简单、使用元件数量少、工艺性能好、制造方便、成本低，且夹具的日常维护十分方便。本夹具适用于具有通孔结构工件的加工。

使用时，将夹具体（5 号锥柄心轴）安装到车床的卡轴孔中，并通过拉杆从车床主轴孔另一端紧固到心轴的螺纹孔中。

车削加工时，将工件插入弹性夹头外圆柱面，并使工件的左端面与心轴的端面靠紧。拧紧螺母，推动锥形胀套向左移动，从而使弹性夹头的外径增大，将工件从内孔定位并夹紧，即可开始车削加工。完成加工后，拧松螺母，弹性夹头回复原始状态，工件呈松开状态，即可将工件取下。

任务实践

1. 绘制夹具主要零件图

（1）内夹式弹性夹头（图 4.6）。

内夹式弹性夹头

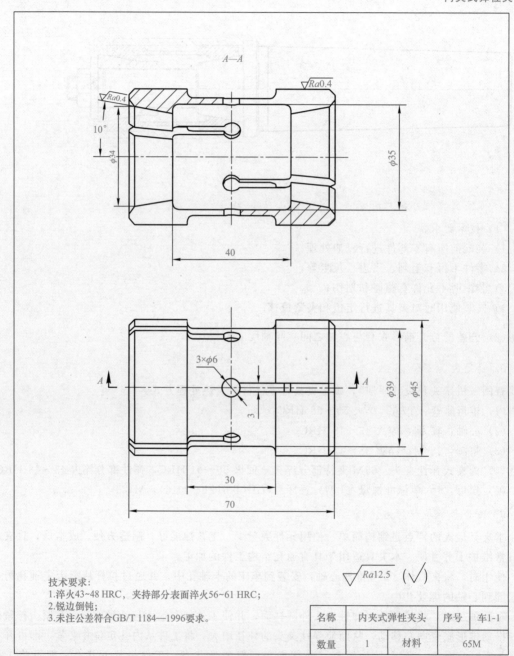

技术要求：
1.淬火43~48 HRC，夹持部分表面淬火56~61 HRC；
2.锐边倒钝；
3.未注公差符合GB/T 1184—1996要求。

名称	内夹式弹性夹头	序号	车1-1
数量	1	材料	65M

图 4.6　内夹式弹性夹头零件图

（2）心轴（图 4.7）。

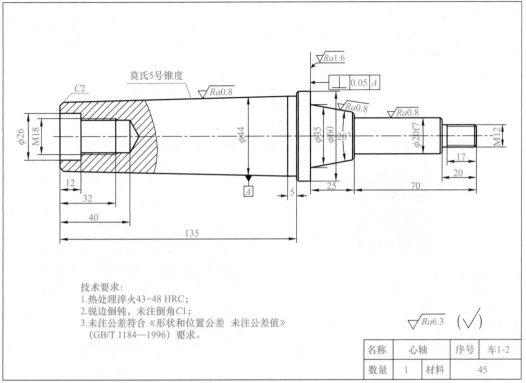

图 4.7　心轴零件图

（3）锥形胀套（图 4.8）。

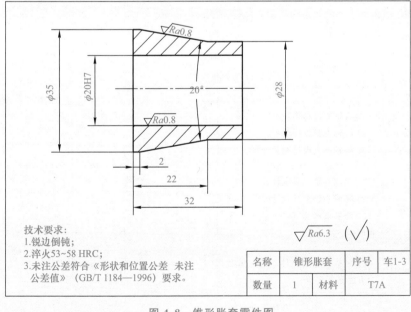

芯轴

锥形胀套

图 4.8　锥形胀套零件图

2. 绘制夹具装配总图（图 4.9）。

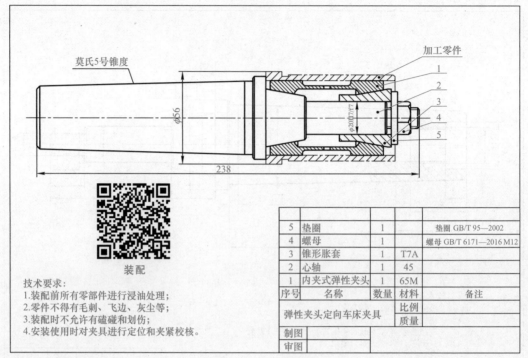

技术要求：
1. 装配前所有零部件进行浸油处理；
2. 零件不得有毛刺、飞边、灰尘等；
3. 装配时不允许有磕碰和划伤；
4. 安装使用时对夹具进行定位和夹紧校核。

5	垫圈	1		垫圈 GB/T 95—2002
4	螺母	1		螺母 GB/T 6171—2016 M12
3	锥形胀套	1	T7A	
2	心轴	1	45	
1	内夹式弹性夹头	1	65M	
序号	名称	数量	材料	备注
弹性夹头定向车床夹具			比例	
			质量	
制图				
审图				

图 4.9　夹具装配总图

任务评价

序号	评价项目	评价标准	自我评价	小组互评	授课教师评价	企业导师评价	得分
1	职业素养（40分）	1. 劳动精神； 2. 创新思维； 3. 职业能力； 4. 学习态度					
2	知识能力（30分）	1. 心轴夹具结构特点； 2. 心轴夹具设计流程； 3. 心轴夹具设计相关计算					
3	技术能力（30分）	1. 完成心轴夹具设计； 2. 完成心轴夹具设计说明书； 3. 能够准确描述心轴夹具安装和使用方法					
4	增值评价	分别从德、智、体、美、劳各个方面进行评价					
合计得分							

（1）止动套零件图如图4.10所示。

工序描述：$\phi45^{+0.039}_0$内孔、左右端面及内孔倒角已经加工完毕。止动套工件为铸造毛坯，外表面尚有3 mm的余量，本工序要求加工$\phi60^{0}_{-0.046}$的外圆，宽为$10^{+0.08}_0$、直径为$\phi54$的沟槽，$\phi80$外圆及$60°\pm0.1°$的圆锥面。生产规模为中等批量生产。

设计任务：止动套工件在卧式普通车床上加工。要求从工件内部定位，并保证$\phi60^{0}_{-0.046}$的外圆与$\phi45^{+0.039}_0$内孔的同轴度要求，工件的装夹要方便、可靠。

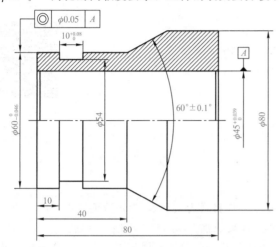

图4.10 止动套零件图

（2）活塞零件图如图4.11所示。

工序描述：活塞左端面和内孔加工完毕，本工序要车削活塞的$\phi95g6$外圆和右端面。其长度尺寸为$165^{+0.03}_0$ mm。头部内径为$\phi87$，裙部内径为$\phi89$。端面厚度为（3 ± 0.1）mm。$\phi95g6$的外圆尺寸精度高，表面粗糙度为$Ra1.6\ \mu m$，要求圆柱度为0.02 mm。各部位加工余量较小，其中径向的加工余量单边为0.5 mm。端面的加工余量也为0.5 mm。工件毛坯为铸件，材料为ZL108，大批量生产。

设计任务：需设计心轴夹具，车削活塞外圆与端面，要求夹具能保证加工精度，车削变形小，符合图纸要求。

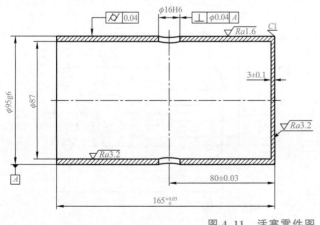

图4.11 活塞零件图

任务 4.2　角铁类车床夹具设计

学习目标

知识目标：
1. 掌握角铁类车床夹具的结构特点；
2. 掌握角铁类车床夹具设计基本流程。

技能目标：
1. 能运用角铁类车床夹具设计方法进行技术标注；
2. 具备角铁类车床夹具设计分析设计能力。

素养目标：
1. 养成科学设计思维；
2. 具备角铁类车床夹具设计的职业能力。

双轴座

任务分析

任务描述：双轴座零件图如图 4.12 所示，工件材料为 Q235，为铸造毛坯件，已完成两个底面、侧面的加工，以及 $\phi12H6$ 孔的加工。本工序要求加工 $\phi44^{+0.065}_{0}$ 和 $\phi52$ 的孔。

任务要求：设计夹具完成本工序加工，要求采用卧式普通车床加工，夹具操作方便，装夹时间尽量减少，夹紧可靠。生产规模为中等批量生产。

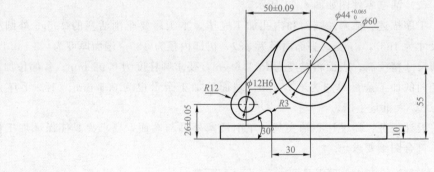

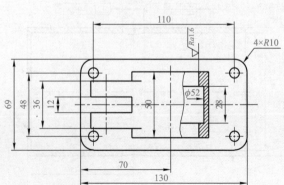

图 4.12　双轴座零件图

任务实施

1. 明确任务，收集分析原始资料

（1）加工工件零件图。双轴座零件图如图 4.12 所示，为支架类零件。

（2）主要加工工艺过程。本工序要求采用车床加工 $\phi44^{+0.065}_{0}$ 和 $\phi52$ 的孔。

（3）设计任务书（表 4.2）。

表 4.2　设计任务书

工件名称	限位衬套	夹具类型	车床夹具
材料	Q235	生产类型	中等批量
机床型号	CA6140	同时装夹数	1 件

（4）工序简图（图 4.13）。

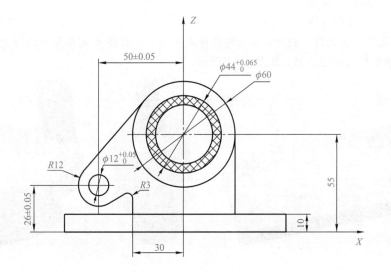

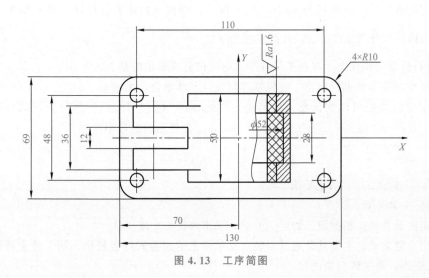

图 4.13　工序简图

（5）分析原始资料。

1）工件属于支架类零件，毛坯为铸件，结构中等复杂，尺寸不大，材料加工性能良好，本工序加工尺寸精度要求有 50 ± 0.05 和 $\phi44^{+0.065}_{0}$。

2）本工序要求加工 $\phi44^{+0.065}_{0}$ 和 $\phi52$ 的孔。

3）已完成两个底面、侧面的加工，以及 $\phi15H6$ 孔的加工。

4）本工序使用的机床为 CA6140 卧式车床。刀具为焊接式硬质合金刀具。

5）生产类型为中等批量生产。

2. 确定夹具结构方案

（1）确定定位方式。由于加工件为铸造毛坯件，本工序前已完成两个底面、侧面的加工和 $\phi12H6$ 孔的加工。因此可选择底面作为定位基准，限制 $\vec{Z}$、$\widehat{X}$、$\widehat{Y}$ 自由度，再选择 $\phi12H6$ 孔作为定位基准，限制 $\vec{X}$、$\vec{Y}$ 自由度，最后选择 $\phi60$ 圆柱端面作为基准，限制 $\vec{Y}$ 自由度，实现了对加工件的完全到位。

（2）选择定位元件。

1）选择定位元件。底面定位元件选择定位块，$\phi12H6$ 孔定位元件选择菱形销，$\phi60$ 圆柱端面作定位元件选择定位套，如图 4.14 所示。

图 4.14　定位元件

2）确定配合公差。菱形销与 $\phi12H6$ 孔有配合。查阅《机床夹具设计手册》取配合公差为 $\dfrac{H6}{h5}$，即菱形销的尺寸为 $\phi12^{0}_{-0.008}$，孔的尺寸为 $\phi12^{+0.011}_{0}$。

（3）分析计算定位误差。在加工尺寸中，有定位公差要求的是 50 ± 0.05。

1）该尺寸由菱形销进行定位，定位基准与设计基准重合，$\Delta_B=0$。

2）由于定位基准可以在任意方向移动，因此 $\Delta_Y=X_{max}=D_{max}-d_{0min}=12.011-11.992=0.019$。$\Delta_D=\Delta_Y=0.019$。$D_{max}$ 为孔的最大尺寸，d_{0min} 为菱形销的最小尺寸。

$$\delta_G=\frac{1}{3}\times0.1=0.033$$

$\Delta_{D允}=\delta_G$，$\Delta_D<\Delta_{D允}$，满足要求。

（4）确定夹紧装置。

1）确定夹具类型。根据设计的定位方案，采用角铁类车床夹具。

2）确定夹紧方式。本夹具是通过安装在支承体上的遮盖式压板机构，从工件上部的圆柱面压向定位块表面，来实现夹紧的。

（5）确定其他结构。根据夹具结构，需要设计平衡块，以保证夹具转动时平衡。

3. 绘制总装结构草图

夹具总装结构草图如图 4.15 所示。

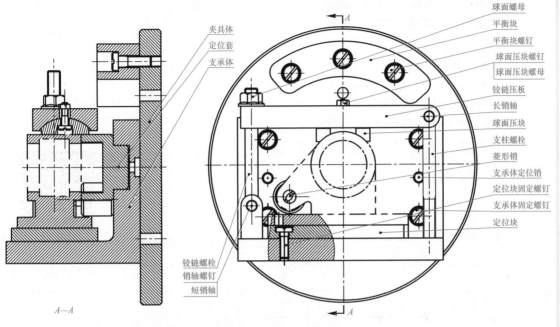

图 4.15　总装结构草图

4. 确定夹具技术要求和有关尺寸以及公差配合

（1）技术要求。

1）装配前进行浸油处理；

2）零件不得有毛刺、飞边、灰尘等；

3）装配时不允许有磕碰和划伤；

4）使用前需对夹具平衡块进行测试和调整。

（2）公差配合。

1）定位销与夹具体和角铁之间：$\phi 10\dfrac{\text{H6}}{\text{m6}}$。

2）菱形销与角铁之间：$\phi 20\dfrac{\text{H7}}{\text{n6}}$。

3）定位套与角铁之间：$\phi 40\dfrac{\text{H6}}{\text{f5}}$。

4）长、短销轴与支柱螺栓和铰链螺栓之间：$\phi 10\dfrac{\text{H6}}{\text{h6}}$。

5）长、短销轴与铰链支座和铰链压板之间：$\phi 10\dfrac{\text{H7}}{\text{h6}}$。

5. 确定夹具零件材料

查阅《机床夹具设计手册》，确定夹具各零件材料及热处理方式。

（1）定位块：45 钢，渗碳 0.8～1.2 mm，淬火 58～64 HRC。

（2）菱形销：T7A，淬火 53～58 HRC。

（3）定位套：45 钢，淬火 40～45 HRC。

（4）角铁：Q235，退火处理。

（5）铰链螺栓：45 钢，40～45 HRC。

（6）铰链压板：45 钢，35～40 HRC。

（7）球面压块：45 钢，35～40 HRC。

（8）铰链支座：45 钢，35～40 HRC。

（9）夹具体：Q235，退火处理。

（10）平衡块：HT150，时效处理。

（11）支柱螺栓：45 钢，40～45 HRC。

（12）长、短销轴：T7A，淬火 53～58 HRC。

任务实践

1. 绘制夹具零件图

（1）定位块（图 4.16）。

定位块

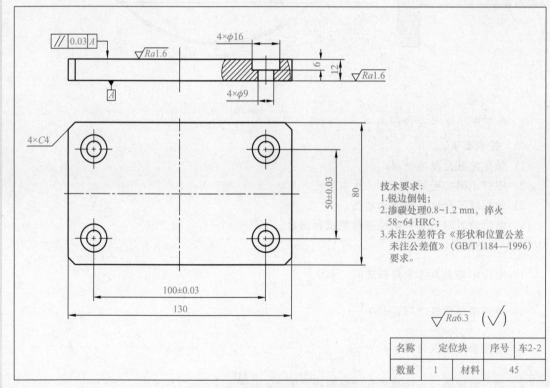

技术要求：
1.锐边倒钝；
2.渗碳处理0.8~1.2 mm，淬火 58~64 HRC；
3.未注公差符合《形状和位置公差 未注公差值》（GB/T 1184—1996）要求。

名称	定位块		序号	车2-2
数量	1	材料		45

图 4.16　定位块零件图

（2）菱形销（图 4.17）。

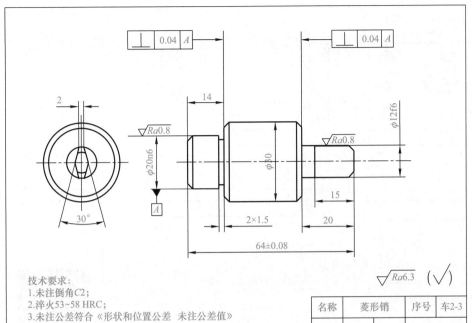

技术要求：
1. 未注倒角C2；
2. 淬火53~58 HRC；
3. 未注公差符合《形状和位置公差 未注公差值》
  （GB/T 1184—1996）要求。

名称	菱形销	序号	车2-3
数量	1	材料	T7A

图 4.17　菱形销零件图

菱形销

（3）定位套（图 4.18）。

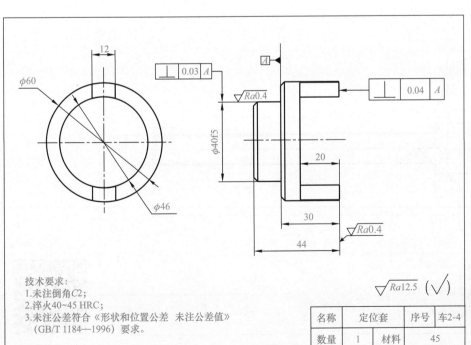

技术要求：
1. 未注倒角C2；
2. 淬火40~45 HRC；
3. 未注公差符合《形状和位置公差 未注公差值》
  （GB/T 1184—1996）要求。

名称	定位套	序号	车2-4
数量	1	材料	45

图 4.18　定位套零件图

定位套

（4）角铁（图4.19）。

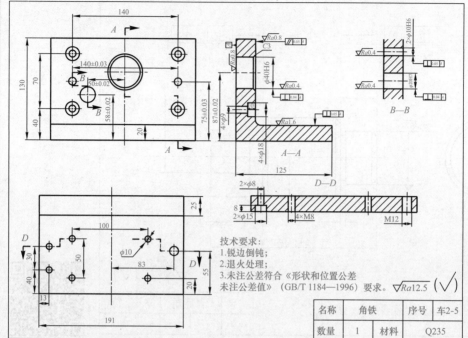

技术要求：
1. 锐边倒钝；
2. 退火处理；
3. 未注公差符合《形状和位置公差 未注公差值》（GB/T 1184—1996）要求。 $\sqrt{Ra12.5}$ ($\sqrt{}$)

名称	角铁	序号	车2-5
数量	1	材料	Q235

角铁

图4.19　角铁零件图

（5）支柱螺栓（图4.20）。

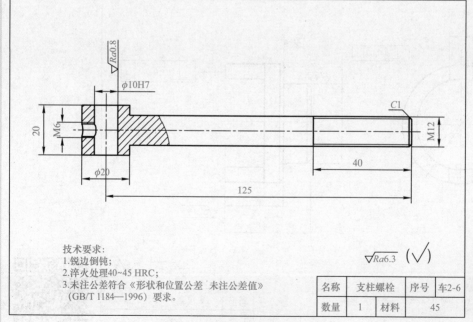

技术要求：
1. 锐边倒钝；
2. 淬火处理40~45 HRC；
3. 未注公差符合《形状和位置公差　未注公差值》（GB/T 1184—1996）要求。 $\sqrt{Ra6.3}$ ($\sqrt{}$)

名称	支柱螺栓	序号	车2-6
数量	1	材料	45

支柱螺栓

图4.20　支柱螺栓零件图

（6）铰链螺栓（图 4.21）。

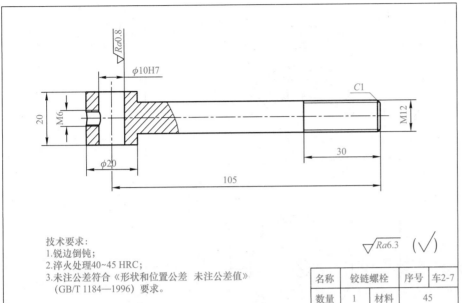

技术要求：
1. 锐边倒钝；
2. 淬火处理40~45 HRC；
3. 未注公差符合《形状和位置公差 未注公差值》
　（GB/T 1184—1996）要求。

$\sqrt{Ra6.3}$ ($\sqrt{}$)

名称	铰链螺栓	序号	车2-7
数量	1	材料	45

铰链螺栓

图 4.21　铰链螺栓零件图

（7）铰链压板（图 4.22）。

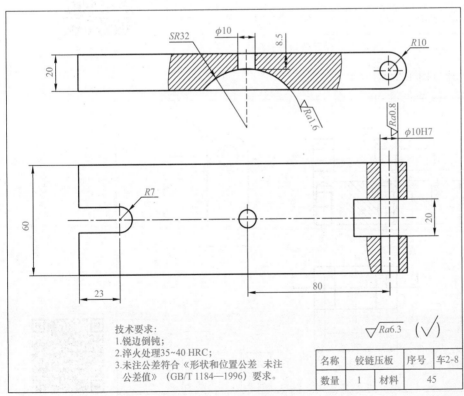

技术要求：
1. 锐边倒钝；
2. 淬火处理35~40 HRC；
3. 未注公差符合《形状和位置公差 未注
　公差值》（GB/T 1184—1996）要求。

$\sqrt{Ra6.3}$ ($\sqrt{}$)

名称	铰链压板	序号	车2-8
数量	1	材料	45

铰链压板

图 4.22　铰链压板零件图

（8）球面压块（图 4.23）。

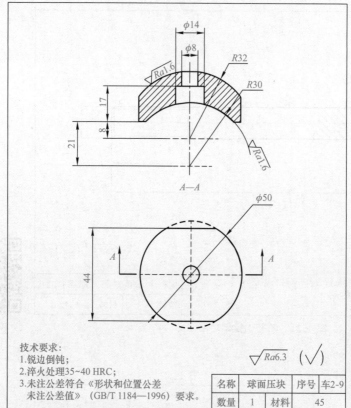

技术要求：
1.锐边倒钝；
2.淬火处理35~40 HRC；
3.未注公差符合《形状和位置公差
　未注公差值》（GB/T 1184—1996）要求。

$\sqrt{Ra6.3}$ （$\sqrt{}$）

名称	球面压块	序号	车2-9
数量	1	材料	45

图 4.23　球面压块零件图

球面压块

（9）铰链支座（图 4.24）。

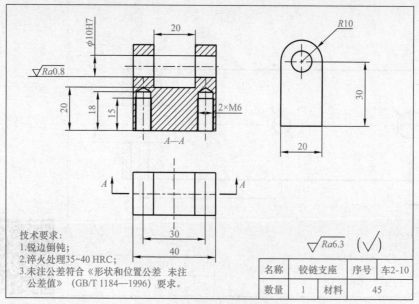

技术要求：
1.锐边倒钝；
2.淬火处理35~40 HRC；
3.未注公差符合《形状和位置公差　未注
公差值》（GB/T 1184—1996）要求。

$\sqrt{Ra6.3}$ （$\sqrt{}$）

名称	铰链支座	序号	车2-10
数量	1	材料	45

图 4.24　铰链支座零件图

铰链支座

（10）长销轴（图 4.25）。

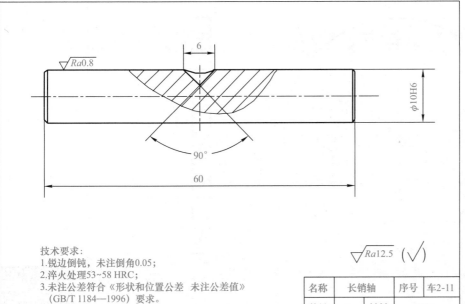

技术要求：
1.锐边倒钝，未注倒角0.05；
2.淬火处理53~58 HRC；
3.未注公差符合《形状和位置公差 未注公差值》
　(GB/T 1184—1996) 要求。

名称	长销轴		序号	车2-11
数量	1	材料		T7A

图 4.25　长销轴零件图

长销轴

（11）短销轴（图 4.26）。

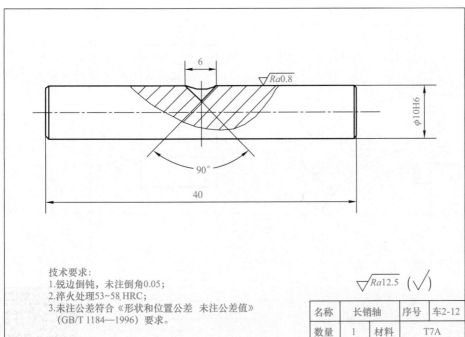

技术要求：
1.锐边倒钝，未注倒角0.05；
2.淬火处理53~58 HRC；
3.未注公差符合《形状和位置公差 未注公差值》
　(GB/T 1184—1996) 要求。

名称	长销轴		序号	车2-12
数量	1	材料		T7A

图 4.26　短销轴零件图

短销轴

（12）夹具体（图4.27）。

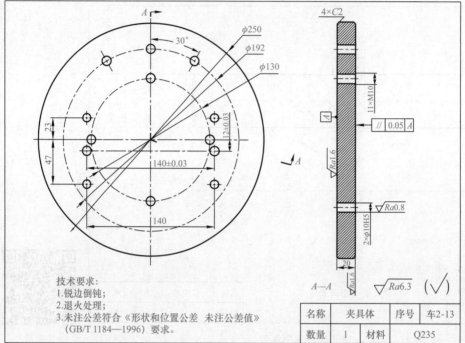

技术要求：
1.锐边倒钝；
2.退火处理；
3.未注公差符合《形状和位置公差 未注公差值》
（GB/T 1184—1996）要求。

名称	夹具体	序号	车2-13
数量	1	材料	Q235

夹具体

图4.27　夹具体零件图

（13）平衡块（图4.28）。

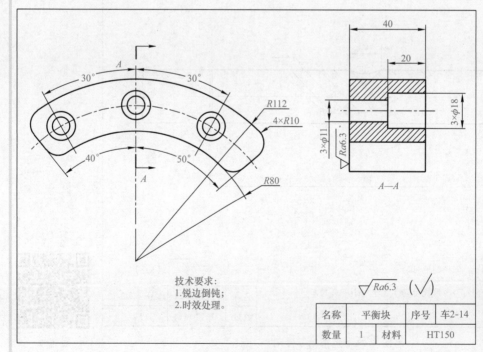

技术要求：
1.锐边倒钝；
2.时效处理。

名称	平衡块	序号	车2-14
数量	1	材料	HT150

平衡块

图4.28　零件图

2. 绘制夹具总装图

夹具总装如图 4.29 所示。

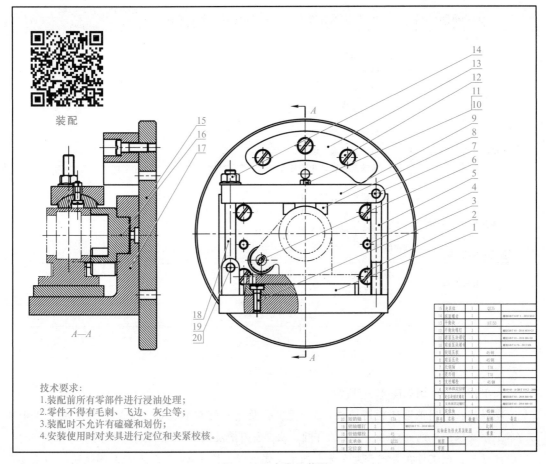

装配

技术要求:
1.装配前所有零部件进行浸油处理;
2.零件不得有毛刺、飞边、灰尘等;
3.装配时不允许有磕碰和划伤;
4.安装使用时对夹具进行定位和夹紧校核。

图 4.29　夹具总装图

3. 夹具分析与使用方法

本夹具的特点是以平面、轴孔和孔端面作为定位基准,实现了完全定位,且定位准确可靠。在加工操作中,工件的装夹和拆卸都非常方便。采用遮盖式压板夹紧机构,夹紧牢固,能充分保证车削加工中工件不会发生振动,是中、小型批量生产的理想专用夹具。

标准件加载

安装时将夹具体与车床的过渡盘相配合,并用四个螺栓将其固定住,使整个夹具与车床的主轴连接。由于本夹具加装了一个平衡块,在将其组装到夹具体上之后,需要在车床上进行平衡调试,如果未达到平衡状态,就需要对平衡块进行减重处理,即将平衡块取下,再进行加工。因此,在设计平衡块时,先根据估算值,将其尺寸加大,充分留有再加工的余量。这个过程可能要重复多次,直至达到平衡效果的效果。

使用的时候先把铰链压板翻开,将工件放在定位块平面上,并使其小轴孔插入菱形销,工件的内侧端面紧靠在定位套的端面上。定位无误后,将铰链压板旋转至工作位置上,使球面压块压向工件上部的圆柱面;再将铰链螺栓旋转至压板的开口槽中;拧紧球面螺母,使球面压块压紧工件上部表面,即可开始车削加工。

任务评价

序号	评价项目	评价标准	自我评价	互评	授课教师评价	企业导师评价	得分
1	职业素养（40分）	1. 劳动精神； 2. 科学设计思维； 3. 职业能力； 4. 学习态度					
2	知识能力（30分）	1. 角铁夹具结构特点； 2. 角铁夹具设计流程； 3. 角铁夹具设计相关计算					
3	技术能力（30分）	1. 完成角铁夹具设计； 2. 完成角铁夹具设计说明书； 3. 能够准确描述角铁夹具安装和使用					
4	增值评价	分别从德、智、体、美、劳各个方面进行评价					
合计得分							

任务拓展

（1）单拐轴零件图如图 4.30 所示。

工序描述：单拐轴毛坯为铸造件，$\phi 20^{+0.032}_{0}$孔及其左侧端面已加工完毕，其他部位均未加工。本工序要求加工两处 $\phi 30^{0}_{-0.045}$、的外圆、$\phi 25$ 退刀槽及倒角 $C1$。生产规模为中等批量。

设计任务：该工件在卧式普通车床上加工。要求以工件的 $\phi 20^{+0.032}_{0}$ 孔及左侧端面作为主要定位基准，限制工件五个自由度；以 $\phi 40$ 未加工的圆柱面作为辅助定位基准，限制工件绕轴孔旋转的自由度。要求定位准确，夹紧可靠，车削过程中不能产生振动。

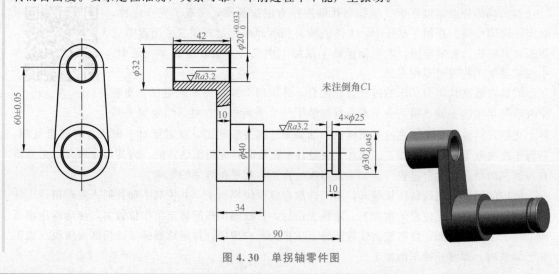

图 4.30　单拐轴零件图

（2）轴承座零件图如图 4.31 所示。

工序描述：轴承座毛坯为铸造件。除了 $\phi60H7$ 的孔以外，其他加工位置都已完成加工，本工序要加工 $\phi60H7$ 的孔，表面粗糙度为 $Ra3.2~\mu m$。生产规模为大批量。

设计任务：该工件在卧式普通车床上加工。要求能保证加工精度，操作简单快捷。

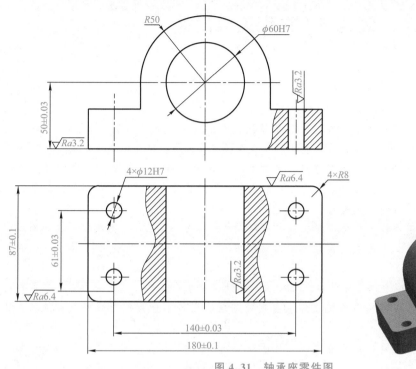

图 4.31　轴承座零件图

拓展学习

"两弹一星"精神

中国科学院在党中央的领导下参加"两弹一星"的研制，是在很特殊的时代背景下进行的。20 世纪五六十年代，中国的工业化正在开展，我们的国力不强，科研力量不强，条件很艰苦，是真正的白手起家，是真正的创业。可是，我们有党的坚强领导，有中央的正确方针、政策，我们靠的是一批从国外回来的有高度爱国心的科学家，又靠他们带出一批年轻的科学家，他们有一种崇高的精神，一种为了祖国富强而献身的精神，他们是"两弹一星"的真正功臣。

除了我们印象很深的科学家以外，还有一些科学家在不同领域做出了贡献，有的还是很重要的贡献。例如原子能所的著名物理学家王淦昌，物理学家彭桓武、朱洪元，科学院的数学家关肇直和冯康，红外物理专家汤定元、匡定波、王大珩的大弟子、光学专家唐九华，上海有机所的黄维垣，我国计算技术的创始人之一、计算所的王正，钱学森的大弟子、力学所的郑哲敏，卫星总体组负责人、地球物理所的钱骥，电子所卫星地面测控系统的负责人、后来到国防科委当了科技部副主任的陈芳允，力学所的闵桂荣，后来当了空间技术研究院院长、工程力学所的刘恢先、长沙矿冶所的周行健，高能所的陆祖荫，自动化所的陆元九、杨嘉墀、屠善澄等。

让我们一起对为祖国的"两弹一星"事业做出贡献的所有科学家、科研人员、工程技术人员、管理工作者、工人和解放军指战员致敬！向为了这一伟大事业而献身的同志表示深切的怀念与哀悼！

请历史记住他们！

项目 5　铣床夹具设计

　　铣床夹具按其使用范围的大小，可分为通用铣床夹具和专用铣床夹具两大类。通用铣床夹具主要有平口虎钳、自定心卡盘或单动卡盘等。此类铣床夹具已经标准化，成为工业商品，由专门的厂家标准化生产，故本书只讲述专用铣床夹具的设计。专用铣床夹具按其应用的铣床类型的不同，分为卧式铣床夹具和立式铣床夹具。专用铣床夹具按其装夹工件特点的不同，又可分为单件铣夹具、多件铣夹具和分度铣夹具。

　　（1）单件铣夹具。单件铣夹具是指在加工中夹具一次只装夹一个工件，完成特定表面加工的专用夹具。单件铣夹具按工件的主要定位基准表面特征的不同分为外圆面定位夹具、内孔面定位夹具和平面定位夹具等。

　　（2）多件铣夹具。多件铣夹具是指在加工中夹具一次装夹多个工件，同时完成多个工件相同特征面加工的专用夹具。多件铣夹具按工件主要定位基准表面特征分为外圆面定位夹具、内孔面定位夹具和平面定位夹具等。

　　（3）分度铣夹具。分度铣夹具是指在加工中对工件一次性装夹而完成多工位相同特征面加工的专用夹具。此类夹具的结构可分为两个部分，即固定部分和转动（或移动）部分。工件是固定在转动（或移动）机构上，当完成一个特征面的加工后，工件会随可动部分机构转过一定角度或移动一定距离，对下一个特征面进行加工，直至完成全部加工内容。分度铣夹具按一次装夹工件的数量划分，分为单件分度铣夹具和多件分度铣夹具。分度铣夹具按工件的主要定位基准表面的不同，又可分为外圆面定位夹具和内孔面定位夹具等。

任务 5.1　单件铣床夹具设计

　　知识目标：

1. 掌握单件铣床夹具的结构特点；
2. 掌握单件铣床夹具设计基本流程。

　　技能目标：

1. 能运用单件铣床夹具设计方法进行技术标注；
2. 具备单件铣床夹具设计结构分析与设计能力。

铣床专用夹具设计

素养目标：

1. 养成工程设计思想；
2. 具备单件铣床夹具设计的职业能力。

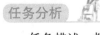
任务分析

任务描述：拨杆零件图如图 5.1 所示，零件材料为 QT800－2，毛坯为铸造件，其中 $\phi36^{+0.039}_{0}$（H8）的内孔和 $\phi25^{+0.033}_{0}$（H8）内孔及端面已经加工完毕，本工序要求加工厚度为 16 ± 0.05 的端面、两腰形孔。

设计要求：设计夹具完成本工序加工，要求采用数控加工中心加工，操作方便、装夹时间尽量减少，夹紧可靠，不能破坏已加工表面。生产规模为大批量生产。

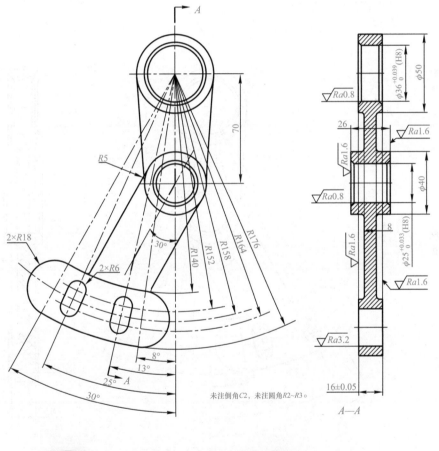

拨杆

未注倒角C2，未注圆角R2~R3。

A—A

图 5.1 拨杆零件图

任务实施

1. 明确任务，收集分析原始资料

(1) 加工工件零件图。拨杆零件图如图5.1所示，为支架类零件。

(2) 主要加工工艺过程。本工序要求加工 16 ± 0.05 的端面、两腰形孔。

(3) 设计任务书（表5.1）。

表5.1 设计任务书

工件名称	拨杆	夹具类型	铣床夹具
材料	QT800-2	生产类型	大批量
机床型号	XHK714	同时装夹数	1件

(4) 工序简图（图5.2）。

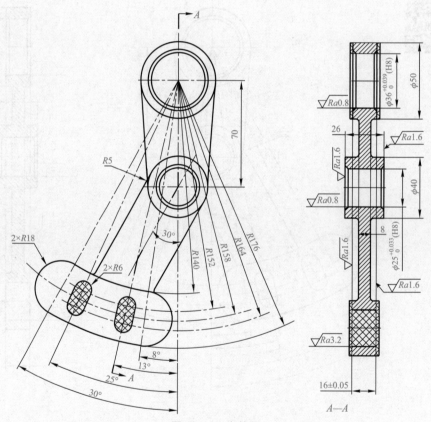

图5.2 工序简图

(5) 分析原始资料。

1) 加工件属于支架零件，结构中等复杂，尺寸大小适中，加工时刚性差，容易变形，在加工时需考虑夹紧力合理性，防止工件变形。

2) 本工序要求加工厚度为 16 ± 0.05 的端面、两腰形孔，要求粗糙度为 $Ra1.6$ 和 $Ra3.2$。

3) 本工序前 $\phi36^{+0.039}_{0}$（H8）的内孔和 $\phi25^{+0.033}_{0}$（H8）的内孔及端面已经加工完毕。可考虑以 $\phi36^{+0.039}_{0}$（H8）的内孔和 $\phi25^{+0.033}_{0}$（H8）内孔及端面作为定位基准。

4）本工序使用的机床为 XHK714 型加工中心。刀具为面铣刀和立式铣刀，面铣刀加工面，立铣刀铣腰型孔。

5）生产类型为大批量生产。

2. 确定夹具结构方案

（1）确定定位方式。选择 $\phi36^{+0.039}_{0}$（H8）的内孔和 $\phi25^{+0.033}_{0}$（H8）内孔及端面作为定位基准。$\phi36^{+0.039}_{0}$（H8）的内孔和 $\phi25^{+0.033}_{0}$（H8）的内孔限制 $\overrightarrow{X}$、$\overrightarrow{Y}$、$\overset{\frown}{X}$、$\overset{\frown}{Y}$、$\overset{\frown}{Z}$，$\phi25^{+0.033}_{0}$（H8）端面限制 $\overrightarrow{Z}$，如图 5.3 所示。

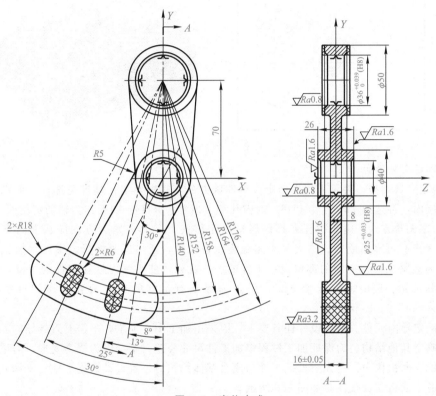

图 5.3　定位方式

（2）选择定位元件并确定元件尺寸和配合公差。

1）选择定位元件。根据定位方式，$\phi25^{+0.033}_{0}$（H8）端面采用平面定位，$\phi25^{+0.033}_{0}$（H8）孔定位元件采用短轴销，$\phi36^{+0.039}_{0}$（H8）孔定位采用菱形销，以防止产生过定位现象，如图 5.4 所示。

2）确定定位元件尺寸和配合公差。菱形销与 $\phi36^{+0.039}_{0}$（H8）孔有配合，查阅夹具设计手册取配合公差 $\dfrac{\text{H8}}{\text{f7}}$，菱形销与方块基体孔之间 $\dfrac{\text{H8}}{\text{n6}}$。

短轴销与 $\phi25^{+0.033}_{0}$（H8）孔有配合，查阅夹具设计手册取配合公差 $\dfrac{\text{H8}}{\text{f7}}$，菱形销与方块基体孔之间 $\dfrac{\text{H7}}{\text{g6}}$。

（3）分析计算定位误差。在加工件加工尺寸中，无单位公差要求，不需要进行分析。

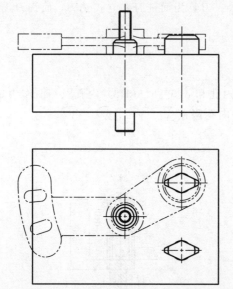

图 5.4　定位元件

（4）确定夹紧装置。

1）确定夹具类型。夹具采用平面定位单件铣夹具，其主要定位基准是选择工件已加工或未加工的两端面，再选择 $\phi 36_{0}^{-0.039}$（H8）的内孔和 $\phi 25_{0}^{-0.033}$（H8）内孔作为辅助定位面。

2）确定夹紧方式。由于拨杆夹具仍属平面定位夹具，其夹紧力方向应从上向下夹紧工件表面，以保证有可靠的刚性。本夹具采用螺旋压板机构，通过压紧螺母、螺杆（短轴销）和开口垫圈作为夹紧元件。夹紧的部位设在工件的中心孔处，使夹紧力处在工件的中部，这样受力均匀，夹紧可靠。选用螺旋压紧方式，仍是为保证有足够的夹紧力和可靠的自锁性能，如图 5.5 所示。

（5）确定导向元件。根据设计任务要求，因采用加工中心加工，不需要刀具导向元件。

（6）确定其他结构。为保证加工过程中加工件尺寸公差，不会因为受力变形，需采用辅助支承，在辅助支承机构中，首先要根据工件与座台基体的相对位置设计出支承柱，支承柱的作用就是从工件的下面将工件顶住，如图 5.6 所示。

图 5.5　夹紧方式

图 5.6　辅助支承机构

3. 绘制总装结构草图

根据定位和夹紧机构的设计，得到夹具基本结构如图 5.7 所示。

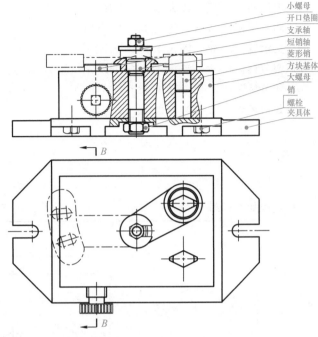

小螺母
开口垫圈
支承轴
短销轴
菱形销
方块基体
大螺母
销
螺栓
夹具体

调节楔
调节螺杆
调节旋钮

B—B

B

B

图 5.7　总装结构草图

4. 确定夹具技术要求和有关尺寸以及公差配合

（1）技术要求。

1）装配前进行浸油处理；

2）零件不得有毛刺、飞边、灰尘等；

3）装配时不允许有磕碰和划伤；

4）使用前需对夹具进行定位和夹紧校核。

（2）公差配合。

1）菱形销与方块基体之间：$\phi20\dfrac{\text{H7}}{\text{n6}}$；

2）菱形销与加工件之间：$\phi36\dfrac{\text{H8}}{\text{f7}}$；

3）短销轴与方块基体之间：$\phi20\dfrac{\text{H7}}{\text{g6}}$；

4）短销轴与加工件之间：$\phi25\dfrac{\text{H8}}{\text{h7}}$；

5）支撑轴与方块基体之间：$\phi30\dfrac{\text{H7}}{\text{f9}}$；

6）销与夹具体和方块基体之间：$\phi10\dfrac{\text{H7}}{\text{m6}}$。

5. 确定夹具零件材料

查阅夹具设计手册，确定夹具各零件材料及热处理方式。

（1）方块基体：Q235 退火处理；

（2）夹具体：Q235 退火处理；

（3）菱形销：T7A，淬火 53～58 HRC；

方块基体

（4）短销轴：45 钢，淬火 43～48 HRC；

（5）调节螺杆：45 钢，淬火 43～48 HRC；

（6）支承轴：45 钢，淬火 43～48 HRC；

（7）调节楔：45 钢，淬火 43～48 HRC；

（8）调节旋钮：45 钢，淬火 43～48 HRC；

（9）开口垫圈：45 钢，淬火 43～48 HRC。

 任务实践

1. 绘制夹具零件图

（1）方块基体（图 5.8）。

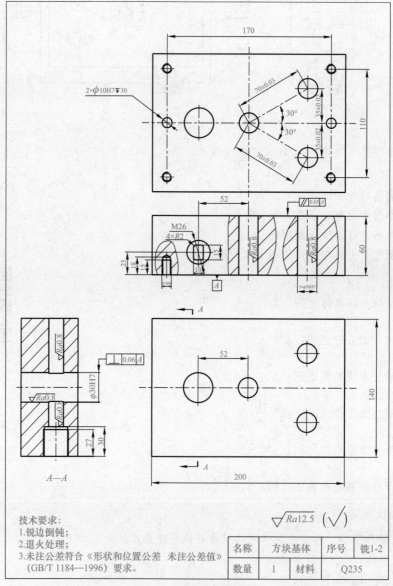

图 5.8　方块基体零件图

（2）短销轴（图 5.9）。

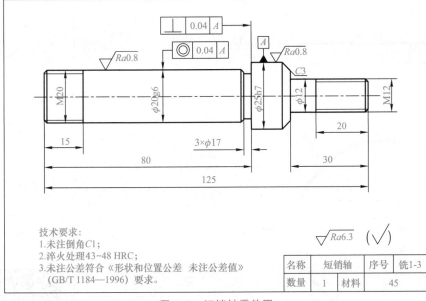

技术要求：
1.未注倒角C1；
2.淬火处理43~48 HRC；
3.未注公差符合《形状和位置公差 未注公差值》
  （GB/T 1184—1996）要求。

名称	短销轴	序号	铣1-3
数量	1	材料	45

图 5.9　短销轴零件图

（3）菱形销（图 5.10）。

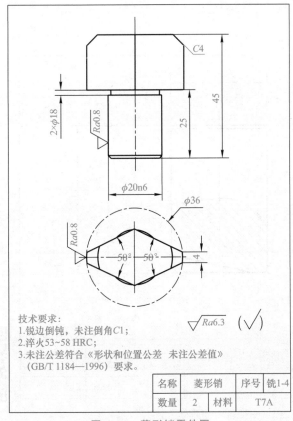

技术要求：
1.锐边倒钝，未注倒角C1；
2.淬火53~58 HRC；
3.未注公差符合《形状和位置公差 未注公差值》
  （GB/T 1184—1996）要求。

名称	菱形销	序号	铣1-4
数量	2	材料	T7A

图 5.10　菱形销零件图

（4）开口垫圈（图 5.11）。

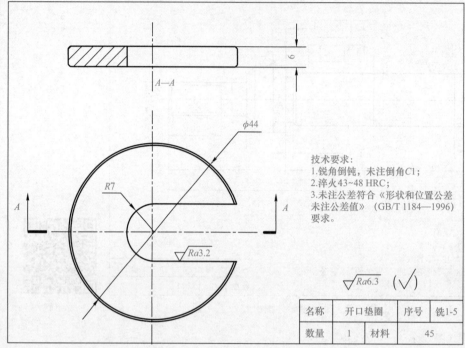

技术要求：
1.锐角倒钝，未注倒角C1；
2.淬火43~48 HRC；
3.未注公差符合《形状和位置公差 未注公差值》（GB/T 1184—1996）要求。

名称	开口垫圈	序号	铣1-5
数量	1	材料	45

图 5.11 开口垫圈零件图

开口垫圈

（5）支承轴（图 5.12）。

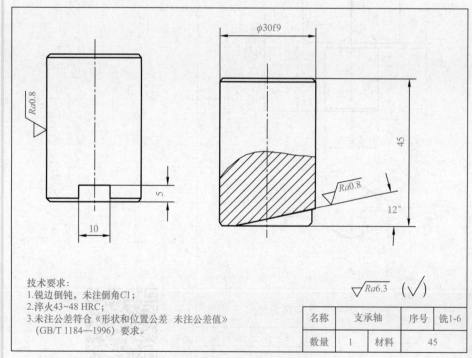

技术要求：
1.锐边倒钝，未注倒角C1；
2.淬火43~48 HRC；
3.未注公差符合《形状和位置公差 未注公差值》（GB/T 1184—1996）要求。

名称	支承轴	序号	铣1-6
数量	1	材料	45

图 5.12 支撑轴零件图

支撑轴

（6）调节楔（图5.13）。

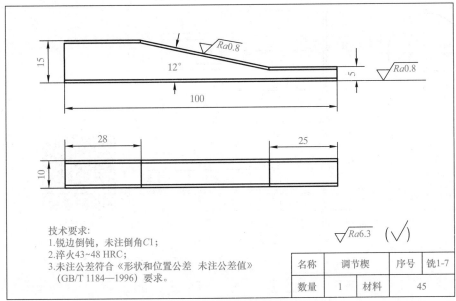

技术要求：
1. 锐边倒钝，未注倒角C1；
2. 淬火43~48 HRC；
3. 未注公差符合《形状和位置公差 未注公差值》
　（GB/T 1184—1996）要求。

名称	调节楔	序号	铣1-7
数量	1	材料	45

调节楔

图 5.13　调节楔零件图

（7）调节旋钮（图5.14）。

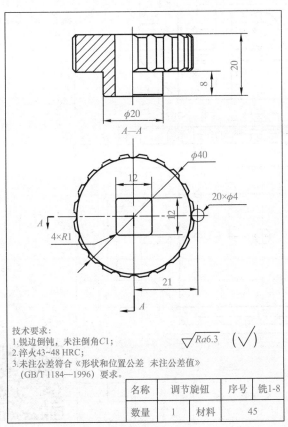

技术要求：
1. 锐边倒钝，未注倒角C1；
2. 淬火43~48 HRC；
3. 未注公差符合《形状和位置公差 未注公差值》
　（GB/T 1184—1996）要求。

名称	调节旋钮	序号	铣1-8
数量	1	材料	45

调节旋钮

图 5.14　调节旋钮零件图

（8）调节螺杆（图 5.15）。

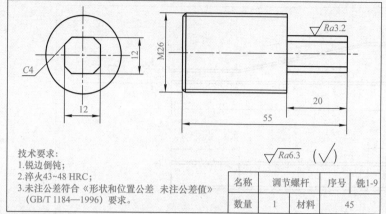

技术要求：
1. 锐边倒钝；
2. 淬火43~48 HRC；
3. 未注公差符合《形状和位置公差 未注公差值》
（GB/T 1184—1996）要求。

$\sqrt{Ra6.3}$（$\sqrt{}$）

名称	调节螺杆	序号	铣1-9
数量	1	材料	45

图 5.15　调节螺杆零件图

调节螺杆

（9）夹具体（图 5.16）。

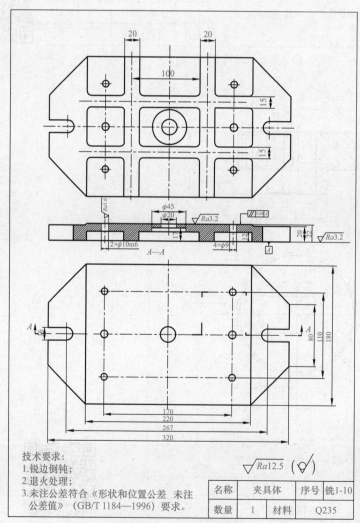

技术要求：
1. 锐边倒钝；
2. 退火处理；
3. 未注公差符合《形状和位置公差 未注
公差值》（GB/T 1184—1996）要求。

$\sqrt{Ra12.5}$（$\sqrt{}$）

名称	夹具体	序号	铣1-10
数量	1	材料	Q235

图 5.16　夹具体零件图

夹具体

2. 绘制夹具总装图

夹具总装图如图 5.17 所示。

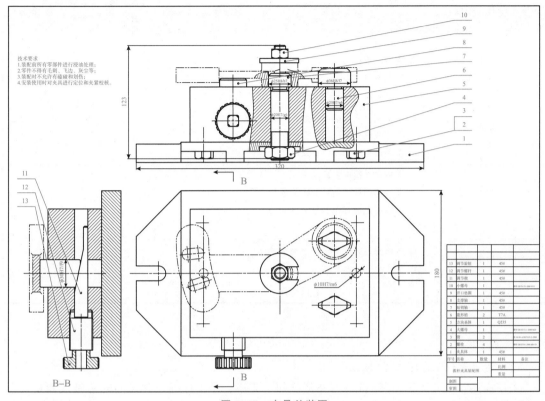

图 5.17　夹具总装图

3. 夹具分析与使用方法

本夹具的特点是采用两孔一面进行定位，其中平面作为主要的定位基准面，而两个孔面作为辅助定位面。采用这种定位方式是因为工件上下两个平面均需在本夹具上进行装夹和加工。当工件的一个表面加工完后，将工件翻转过来，用另一个菱形销进行辅助定位，就可以对另一个表面进行加工，实现了一具两工位的加工，节省了夹具的设计和制造费用。此夹具适合中、小型零件的大批量规模生产。

使用时，将夹具安放在加工中心工作台面上，调整夹具与工作台定位槽基准面的间隙，确保夹具与工作台之间准确定位。然后用紧固螺栓将夹具固定在工作台上。

加工时，将工件中心孔插入短轴销，另一个孔则插入其中的一个菱形销，并使底面放置在方块基体的表面上。装上开口垫圈，旋紧压紧螺母，将工件牢固地夹紧在基体上。拧动调节旋钮，通过调节螺杆推动调节楔，使支承块从下面顶住工件的底面，确保工件可靠地支承住悬空部位。至此工件安装完毕，可开始切削加工。完成一个面的加工后，反方向拧松调节旋钮，使支承块下落脱离对工件底面的支承；再旋松压紧螺母，取下开口垫圈，将工件翻转过来，重新将工件的中心孔插入短轴销，而另一个孔则插入另外的菱形销，并按上述过程将工件重新夹紧和支承固定，即可对另一个面进行加工。

装配

标准件加载

任务评价

序号	评价项目	评价标准	自我评价	互评	授课教师评价	企业导师评价	得分
1	职业素养 （40分）	1. 劳动精神； 2. 创新思维； 3. 职业能力； 4. 学习态度					
2	知识能力 （30分）	1. 单件铣床夹具结构特点； 2. 单件铣床夹具设计流程； 3. 单件铣床夹具设计相关计算					
3	技术能力 （30分）	1. 完成单件铣床夹具设计； 2. 完成单件铣床夹具设计说明书； 3. 能够准确描述单件铣床夹具安装和使用					
4	增值评价	分别从德、智、体、美、劳各个方面进行评价					
合计得分							

任务拓展

（1）拨叉零件图如图 5.18 所示。

工序描述：该工件除 30°倾斜平面外都已加工完毕。本工序要求加工与对称轴成角度 30°，与圆柱中心距离为 $25_{-0.10}^{0}$ 的倾斜平面。生产规模为中等批量。

设计任务：设计夹具在卧式普通铣床上加工。要求以 $\phi35_{0}^{+0.045}$ 孔的圆柱面作为主要定位基准。辅助定位基准有两个：一个是 $\phi35_{0}^{+0.045}$ 孔的左端面；另一个是 $R50$ 的半圆孔表面。这两个定位面分别限制工件的轴向移动和绕孔轴线的转动，即要求对工件实行完全定位。在用 $R50$ 的半圆孔面定位时要注意不能产生过定位现象，该定位面的作用是要保证加工倾斜面成 30°。要求定位和夹紧要方便，尽量缩短工件装夹的操作时间。

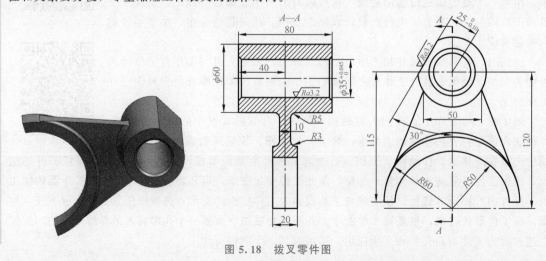

图 5.18　拨叉零件图

（2）连杆零件图如图 5.19 所示。

工序描述：连杆零件毛坯为锻件，材料为 40Cr，上下两端面及所有孔也加工完毕，本工序要求加工槽宽为 $45^{+0.1}_{0}$，槽深为 10 的槽。生产规模为中等批量。

设计任务：设计夹具在普通铣床上加工。保证槽中心至小孔的距离为 38.5 ± 0.05。要求夹具操作方便，保证加工精度。

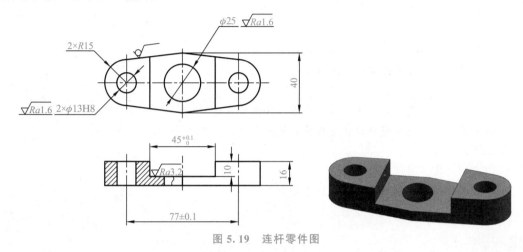

图 5.19　连杆零件图

任务 5.2 多件铣床夹具设计

学习目标

知识目标：

1. 掌握多件铣削铣床夹具的结构特点；

2. 掌握多件铣削铣床夹具设计基本流程。

技能目标：

1. 能运用多件铣削铣床夹具设计方法进行技术标注；

2. 具备多件铣削铣床夹具设计分析设计能力。

素养目标：

1. 养成创新设计思维；

2. 具备多件铣削铣床夹具设计的职业能力。

任务分析

任务描述：小轴零件图如图 5.20 所示，零件材料为 45 钢，毛坯为 $\phi32$ 圆柱型材，其中 $\phi20_{-0.07}^{-0.04}$ 的外圆和 $\phi30$ 圆柱面及端面已经加工完毕，本工序要求加工厚度为 14 ± 0.07 的扁柱。

设计要求：设计夹具完成本工序加工，要求采用铣床加工，操作方便快捷、装夹效率高，不能破坏已加工表面。生产规模为大批量生产。

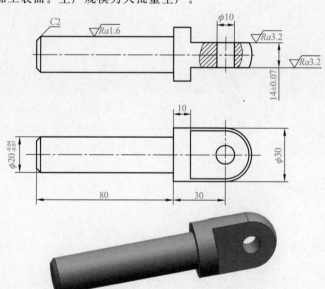

小轴

图 5.20 小轴零件图

任务实施

1. 明确任务，收集分析原始资料

（1）加工工件零件图。小轴零件图如图 5.20 所示，为轴类零件。

(2) 主要加工工艺过程。本工序要求加工 14±0.07 的尺寸。

(3) 设计任务书（表 5.2）。

表 5.2 设计任务书

工件名称	小轴	夹具类型	铣床夹具
材料	45 钢	生产类型	大批量
机床型号	X2028	同时装夹数	5 件

(4) 工序简图（图 5.21）。

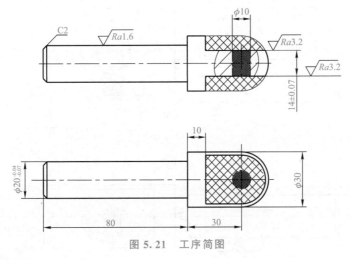

图 5.21 工序简图

(5) 分析原始资料。

1) 加工件属于轴零件，结构简单，尺寸大小适中，加工难度低，为提高加工效率，采用一次装夹加工多件。

2) 本工序要求加工厚度为 14±0.07 的扁面，要求粗糙度为 $Ra3.2$。

3) $\phi20_{-0.07}^{-0.04}$ 的外圆、端面和 $\phi30$ 圆柱面及端面已经加工完毕。可考虑以 $\phi30$ 左端面作为定位基准。

4) 本工序使用的机床为 X2028 的铣床。刀具直径为 $\phi12$ 立式铣刀。

5) 生产类型为大批量生产。

2. 确定夹具结构方案

(1) 确定定位方式（图 5.22）。选择 $\phi20_{-0.07}^{-0.04}$ 的外圆和 $\phi30$ 左端面作为定位基准。$\phi20_{-0.07}^{-0.04}$ 的外圆限制 $\vec{Y}$、$\vec{Z}$、$\widehat{Y}$、$\widehat{Z}$，$\phi30$ 端面限制 $\vec{X}$。因加工件属于回转体，$\widehat{X}$ 可以不用限制。采用不完全定位方式加工，该定位方案满足工艺需求。

(2) 选择定位元件并确定元件尺寸和配合公差。

1) 选择定位元件。根据定位方式，$\phi20_{-0.07}^{-0.04}$ 圆柱面采用 V 形定位，$\phi30$ 左端面采用平面定位，如图 5.23 所示。

2) 确定定位元件尺寸和配合公差。V 形块与固定板之间有配合，查阅夹具设计手册取配合公差 $\dfrac{H7}{h6}$。

(3) 分析计算定位误差。在加工件加工尺寸中，有定位公差要求是 14±0.07。

14±0.07 定位基准为 $\phi30$ 中心线，工序基准为圆 $\phi20_{-0.07}^{-0.04}$ 中心线，工序基准与定位基准不重合，基准不重合误差 $\Delta_B = \dfrac{\delta_d}{2} = \dfrac{0.03}{2} = 0.015$；定位基准相对限位基准有位移，基准位移误差

$\Delta_Y = \dfrac{\delta_d}{2\sin\dfrac{\alpha}{2}} = \dfrac{0.03}{2\sin\dfrac{90°}{2}} = 0.021$。

因此：$\Delta_D = \Delta_B + \Delta_Y = 0.036$。

$\Delta_{D允} = \dfrac{1}{3}\delta_G = \dfrac{1}{3} \times 0.14 = 0.047$。

由于 $\Delta_D < \Delta_{D允}$，因此该方案满足 14 ± 0.07 公差要求。

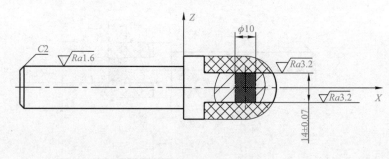

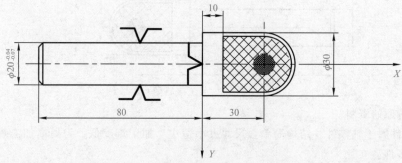

图 5.22　定位方式

图 5.23　定位元件

（4）确定夹紧装置。

1）确定夹具类型。夹具采用 V 形定位多件铣夹具，其主要定位基准是选择 $\phi 20^{-0.04}_{-0.07}$ 圆柱面采用 V 形定位，$\phi 30$ 左端面采用平面定位。

2）确定夹紧方式。夹具采用从工件外圆柱面将工件夹紧，利用活动 V 形块的移动从工件定位的圆柱面处施加压力，将其夹紧固定 V 形块上，本夹具的所有 V 形块，包括单面 V 形块和双面 V 形块既是定位元件又是夹紧元件，夹紧方式采用螺旋推动联动夹紧机构，通过转动手轮使

螺杆旋转推进，连续地从右向左推动所有 V 形块移动，将 5 个工件压紧在 V 形块的凹槽。为了实现这一夹紧操作，还需要其他一些辅助夹紧元件，如固定导板、左右端板、螺杆和手轮，如图 5.24 所示。

（5）确定导向元件。根据设计任务要求，在夹具中要有对刀装置，本夹具的对刀装置方形对刀块，如图 5.25 所示。

图 5.24　夹紧方式

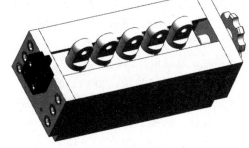

图 5.25　导向元件

3. 绘制总装结构草图

根据定位和夹紧机构的设计，得到夹具基本结构如图 5.26 所示。

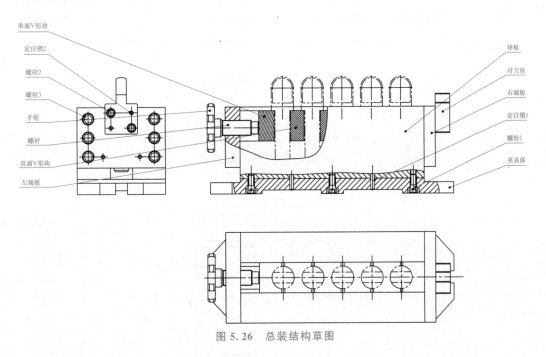

图 5.26　总装结构草图

4. 确定夹具技术要求和有关尺寸以及公差配合

（1）技术要求。

1）装配前进行浸油处理；

2）零件不得有毛刺、飞边、灰尘等；

3）装配时不允许有磕碰和划伤；

4）使用前需对夹具进行定位和夹紧校核。

（2）公差配合。

1）销与孔间：$\phi 5 \dfrac{H6}{m6}$；

2）V 形块与导板之间：$40 \dfrac{H6}{h5}$。

5. 确定夹具零件材料

查阅夹具设计手册，确定夹具各零件材料及热处理方式。

（1）导板：45 钢，淬火 40～45 HRC；

（2）夹具体：Q235，退火处理；

（3）左、右端板：45 钢，淬火 38～42 HRC；

（4）单、双面 V 形块：20 钢，渗碳 0.8～1.2 mm，淬火 60～64 HRC；

（5）对刀块：20 钢，渗碳 0.8～1.2 mm，淬火 60～68 HRC；

（6）螺杆：45 钢，淬火 43～48 HRC；

（7）手轮：45 钢，淬火 43～48 HRC。

任务实践

1. 绘制夹具零件图

（1）单面 V 形块（图 5.27）。

单面 V 形块

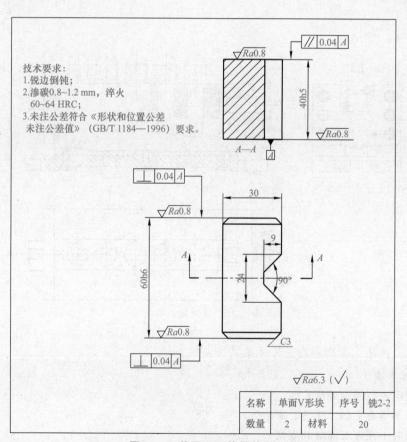

图 5.27　单面 V 形块零件图

（2）双面 V 形块（图 5.28）。

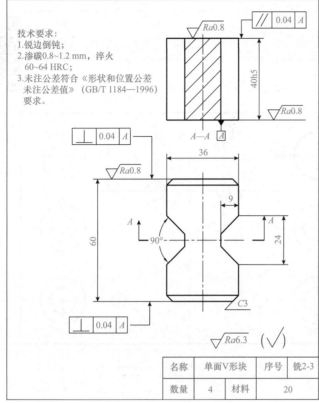

双面 V 形块

技术要求：
1. 锐边倒钝；
2. 渗碳 0.8~1.2 mm，淬火 60~64 HRC；
3. 未注公差符合《形状和位置公差 未注公差值》（GB/T 1184—1996）要求。

名称	单面V形块		序号	铣2-3
数量	4	材料		20

$\sqrt{Ra6.3}$ $(\sqrt{})$

图 5.28　双面 V 形块零件图

（3）导板（图 5.29）。

导板

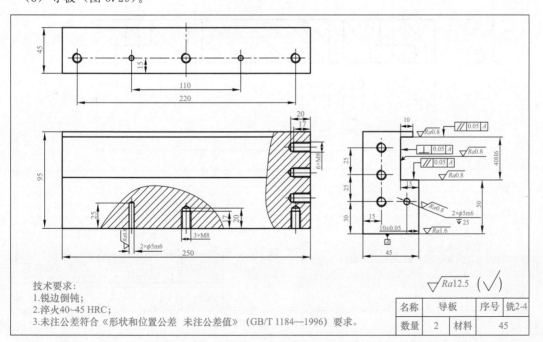

技术要求：
1. 锐边倒钝；
2. 淬火 40~45 HRC；
3. 未注公差符合《形状和位置公差 未注公差值》（GB/T 1184—1996）要求。

$\sqrt{Ra12.5}$ $(\sqrt{})$

名称	导板		序号	铣2-4
数量	2	材料		45

图 5.29　导板零件图

（4）右端板（图 5.30）。

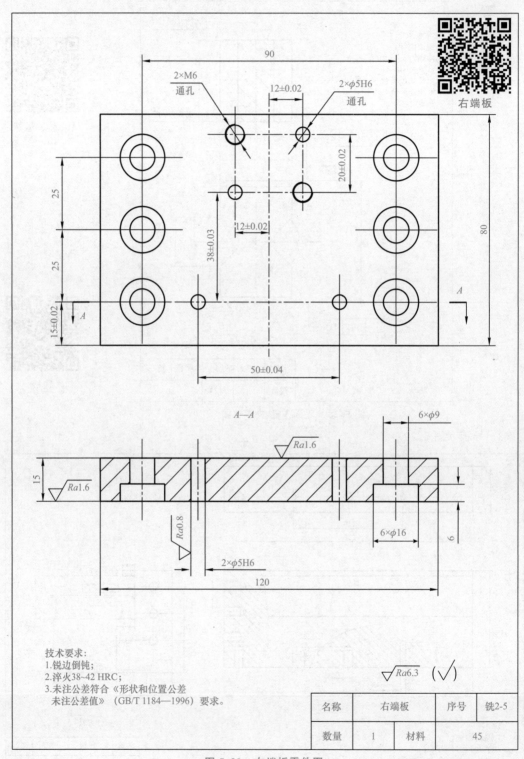

图 5.30　右端板零件图

（5）左端板（图 5.31）。

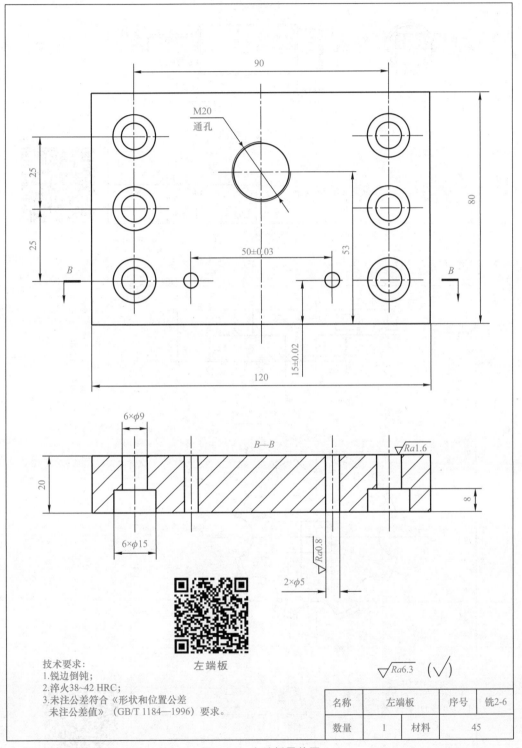

技术要求：
1.锐边倒钝；
2.淬火38~42 HRC；
3.未注公差符合《形状和位置公差
　未注公差值》（GB/T 1184—1996）要求。

名称	左端板		序号	铣2-6
数量	1	材料		45

图 5.31　左端板零件图

（6）螺杆（图 5.32）。

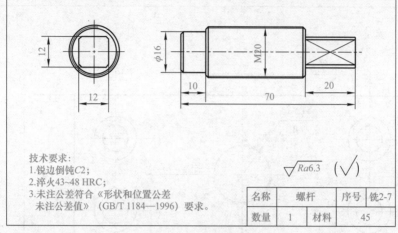

技术要求：
1.锐边倒钝C2；
2.淬火43~48 HRC；
3.未注公差符合《形状和位置公差
未注公差值》（GB/T 1184—1996）要求。

$\sqrt{Ra6.3}$ $(\sqrt{})$

名称	螺杆		序号	铣2-7
数量	1	材料		45

图 5.32　螺杆零件图

螺杆

（7）手轮（图 5.33）。

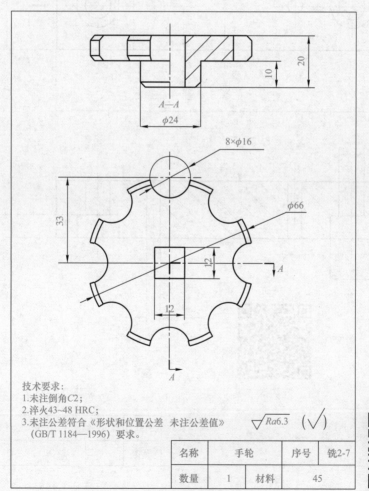

技术要求：
1.未注倒角C2；
2.淬火43~48 HRC；
3.未注公差符合《形状和位置公差　未注公差值》
（GB/T 1184—1996）要求。

$\sqrt{Ra6.3}$ $(\sqrt{})$

名称	手轮		序号	铣2-7
数量	1	材料		45

图 5.33　手轮零件图

手轮

（8）夹具体（图 5.34）。

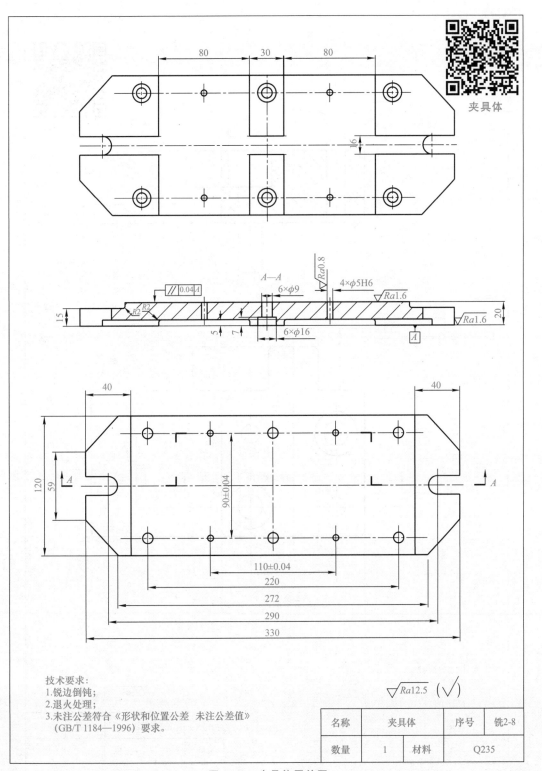

技术要求：
1.锐边倒钝；
2.退火处理；
3.未注公差符合《形状和位置公差 未注公差值》
（GB/T 1184—1996）要求。

名称	夹具体		序号	铣2-8
数量	1	材料		Q235

图 5.34　夹具体零件图

（9）对刀块（图 5.35）。

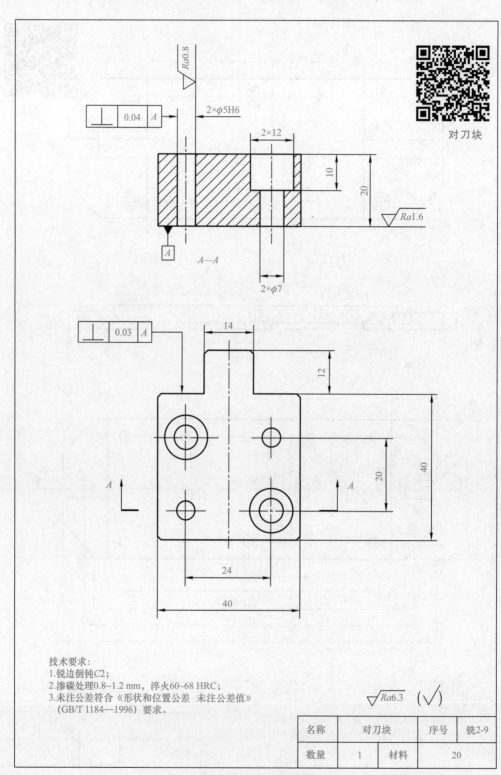

图 5.35　对刀块零件图

技术要求:
1.锐边倒钝C2;
2.渗碳处理0.8~1.2 mm，淬火60~68 HRC;
3.未注公差符合《形状和位置公差　未注公差值》
　（GB/T 1184—1996）要求。

名称	对刀块		序号	铣2-9
数量	1	材料		20

2. 绘制夹具总装图

夹具总装图如图 5.36 所示。

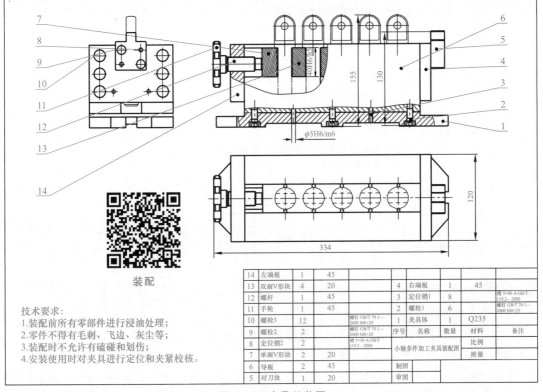

$\phi 5H6/m6$

装配

技术要求：
1. 装配前所有零部件进行浸油处理；
2. 零件不得有毛刺、飞边、灰尘等；
3. 装配时不允许有磕碰和划伤；
4. 安装使用时对夹具进行定位和夹紧校核。

14	左端板	1	45		4	右端板	1	45	
13	双面V形块	4	20		3	定位销1	8		销 5×40-A GB/T 119.2—2000
12	螺杆	1	45		2	螺栓1	6		螺钉 GB/T 70.1—2000 M8×25
11	手轮	1	45		1	夹具体	1	Q235	
10	螺栓3	12		螺钉 GB/T 70.1—2000 M8×20	序号	名称	数量	材料	备注
9	螺栓2	2		螺钉 GB/T 70.1—2000 M6×20				比例	
8	定位销2	2		销 5×30-A GB/T 119.2—2000	小轴多件加工夹具装配图			质量	
7	单面V形块	2	20						
6	导板	2	45		制图				
5	对刀块	1	20		审图				

图 5.36 夹具总装图

3. 夹具分析与使用方法

将夹具安放在铣床工作台面上，调整夹具体上定位键与工作台定位槽基准面的间隙，确保对刀块与刀具之间准确的进刀方位。然后用紧固螺栓将夹具固定在工作台上。

标准件加载

加工时依次将五个工件插入对应的 V 形块凹槽，通过手轮旋紧螺杆，依次推动 V 形块向左移动，直至将所有工件夹紧。调整铣床工作台上下的高度，使铣刀的刃口面对准对刀块的基准平面，即可开始切削加工。完成加工后，旋松螺杆，即可将所有工件取下，进行下一组工件的加工。

任务评价

序号	评价项目	评价标准	自我评价	互评	授课教师评价	企业导师评价	得分
1	职业素养（40分）	1. 劳动精神； 2. 科学设计思维； 3. 职业能力； 4. 学习态度					

序号	评价项目	评价标准	自我评价	互评	授课教师评价	企业导师评价	得分
2	知识能力（30分）	1. 多件铣削铣床夹具结构特点； 2. 多件铣削铣床夹具设计流程； 3. 多件铣削铣床夹具设计相关计算					
3	技术能力（30分）	1. 完成多件铣削铣床夹具设计； 2. 完成多件铣削铣床夹具设计说明书； 3. 能够准确描述多件铣削铣床夹具安装和使用方法					
4	增值评价	分别从德、智、体、美、劳各个方面进行评价					
合计得分							

任务拓展

（1）小卡轴零件图如图 5.37 所示。

工序描述： 工件所有车削加工的圆柱面都已经加工完毕。本工序要求加工宽为 $8_{-0.10}^{\ 0}$、长为 10 的扁柱，即铣削两个平面。生产规模为大批量。

设计任务： 该工件在卧式铣床上加工。要求以 $\phi20$ 圆柱面作为主要定位基准，并在此处夹紧。夹具的操作应快捷方便，夹紧可靠，尽量缩短工件的装夹时间。铣削加工时采用两把三面刃片铣刀，调整两把铣刀的间距为 8 mm，一次进刀加工完毕，要求有对刀装置，以便确定刀具加工位置。

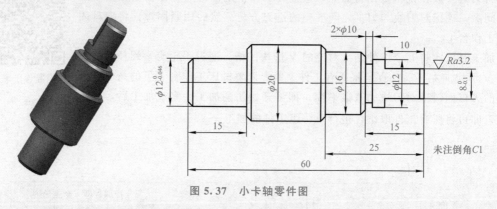

图 5.37　小卡轴零件图

（2）圆环零件图如图 5.38 所示。

工序描述： 工件采用毛坯为棒料，所有车削加工的内外圆柱面都已经加工完毕。本工序要求加工宽为 $34_{-0.05}^{\ 0}$ 槽。生产规模为大批量。

设计任务： 设计铣加工 $34_{-0.05}^{\ 0}$ 槽的夹具。采用立式普通铣床加工，为提高加工效率，采用多件加工夹具加工。夹具操作要简单、方便，保证加工精度。

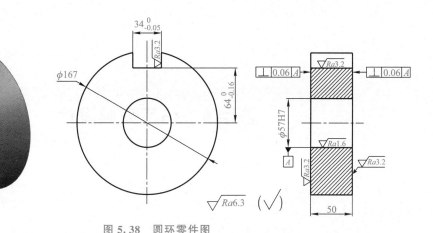

图 5.38 圆环零件图

抗震救灾精神

有一种力量，使山川动容；有一种精神，用生命书写。

2008 年，四川汶川发生 8.0 级特大地震，瞬间的灾难，吞噬了数以万计同胞的生命。在同特大自然灾害的艰苦搏斗中，在抗震救灾重建的豪迈进程中，我们的民族和人民展示出了"万众一心、众志成城，不畏艰险、百折不挠，以人为本、尊重科学"的伟大抗震救灾精神，在抢救生命、重建家园、振兴发展的过程中不断取得胜利。

万众一心、众志成城——面对汶川特大地震，全国人民举国同心、守望相助，无数支救援力量奔赴一线，解放军、武警部队、公安民警、民兵预备役、医务人员、专业搜救队等数十万人，志愿者 100 多万人，还有数量庞大的当地干部群众，迅速投身抗震救灾斗争，最大限度地挽救受灾群众生命，降低灾害造成的损失。

不畏艰险、百折不挠——玉树被地震突袭之后，在海拔 4 000 m 以上的生命高地，在翻越雪山垭口、距离震中最远的甘宁村，在风雪弥漫、海拔最高的错桑村，在随时都可能坍塌的断壁残垣间，救援官兵以血肉身躯作支撑，先后从废墟中救出 1 584 名幸存者，演绎了一曲用生命拯救生命的壮歌。

以人为本、尊重科学——芦山震后 1 分钟，中国地震局发布地震速报信息；震后 6 分钟，成都市公安局应急指挥部发出了第一道救援指令；震后几个小时内，民政、交通、通信、农业等部门的救灾机制全部启动运行；遥感信息、自动搜救设备、旋翼无人机、心理辅导、地质灾害预警……专业救援力量和先进装备在抢险救灾中发挥了重要作用，极大地提高了抢险救灾成效。

习近平总书记指出："中国人民同心同德、协力奋战，一定能够战胜灾害、重建家园，让灾区人民过上美好生活。"从 2008 年到 2020 年短短 12 年间，我们经历了 4 次 7 级以上特大地震。在伟大抗震救灾精神的感召下，中国共产党带领中国人民，谱写一曲曲感天动地的壮歌，创造了一个个攻坚克难的奇迹。

项目6　钻床夹具设计

情境导入

　　钻床夹具的种类比较多，根据加工孔的分布情况和钻模板结构的特征，一般分为固定式夹具、移动式夹具、回转式夹具、翻转式夹具、覆盖式夹具等。在这些夹具类型中，部分钻床夹具已经形成标准化的结构，用户只需要设计专门的钻套和钻模板即可。本书着重介绍针对具体加工件而设计的专用钻床夹具。

　　（1）固定式钻床夹具。固定式钻床夹具在使用过程中，夹具及工件在机床上的位置固定不变，通常用于在立式钻床上加工直径较大的单孔或在摇臂钻床上加工平行的孔系。

　　（2）移动式钻床夹具。移动式钻床夹具用于钻削中、小型工件同一表面上轴线平行的多个孔。此类夹具一般不需要紧固在机床的固定位置上，因为加工孔的直径较小，工件的重量较轻，可以在操作中直接用手移动夹具至不同的加工位置。采用移动式夹具，要求被加工孔的直径不能太大，一般孔径应不大于10 mm，否则因切削扭矩过大，会造成加工的不稳定性和危险性。

　　（3）回转式钻床夹具。回转式钻床夹具是应用最多的夹具，用于加工同一圆周上的平行孔系或分布在圆周上的径向孔系。此类夹具有立轴回转、卧轴回转和斜轴回转三种形式。回转式夹具也需要将其紧固在机床的工作台上，具体的固定方法与固定式夹具基本相同。回转式夹具非常适合于大规模生产，并且可以在任何种类的钻床上使用。

　　（1）翻转式钻床夹具。翻转式钻床夹具主要用于加工中、小型工件分布在不同表面上的孔。此类夹具的结构比较简单，但每次对孔的加工都需要找正钻套相对刀具的位置，辅助操作时间较长，而且夹具的翻转也比较费力。因此，夹具连同工件不能太重，加工批量也不宜过大。

　　（5）覆盖式钻床夹具。覆盖式钻床夹具没有夹具体，只有钻模板。在钻模板上除安装钻套外，还安装有定位元件和夹紧装置。使用时可以直接将钻模板定位到工件的定位基准面上，并将钻模板夹紧即可进行钻削加工。覆盖式夹具的结构比较简单，多用于大中型工件上的小孔的加工。由于夹具在使用时需要连同工件一起移动，因此其重力不宜太大，在设计时要尽可能地减轻质量或者采用铸铝材料。

钻床专用夹具设计

任务 6.1　固定式钻床夹具设计

学习目标

知识目标：

1. 掌握固定式钻床夹具的结构特点；
2. 掌握固定式钻床夹具基本流程。

技能目标：

1. 能运用固定式钻床夹具设计方法进行技术标注；
2. 具备固定式钻床夹具设计结构分析与设计能力。

素养目标：

1. 养成创新工程设计思想；
2. 具备固定式钻床夹具设计的职业能力。

任务分析

　　任务描述：环套零件图如图 6.1 所示，零件材料为 45 钢，毛坯为棒料，其中除了 $\phi6$ 已经加工完毕，本工序要求加工 $\phi6$ 孔。

　　设计要求：设计夹具完成本工序加工，要求采用台式钻床，操作方便、装夹时间尽量减少，夹紧可靠，加工件无特殊要求，精度要求一般。生产规模为中批量生产。

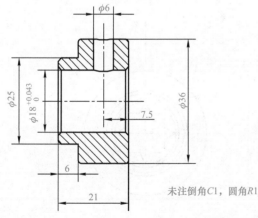

未注倒角 $C1$，圆角 $R1$

环套

图 6.1　环套零件图

任务实施

1. 明确任务，收集分析原始资料

（1）加工工件零件图。环套零件图如图 6.1 所示，为套类零件。

（2）主要加工工艺过程。本工序要求加工 $\phi6$ 的孔。

（3）设计任务书（表 6.1）。

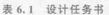

表 6.1　设计任务书

工件名称	环套	夹具类型	钻床夹具
材料	45 钢	生产类型	中批量
机床型号	Z7032	同时装夹数	1 件

（4）工序简图（图 6.2）。

（5）分析原始资料。

1）加工件属于套类零件，结构简单，尺寸偏小，加工位置为圆柱面，在加工时需考虑圆柱面钻孔具有一定难度。

2）本工序要求加工 $\phi 6$ 的孔，无其他特殊要求。

3）本工序前零件其他位置已加工完毕，可以考虑零件两端面及 $\phi 18^{+0.043}_{0}$ 作为定位基准。

4）本工序使用的机床为 Z7032 型台式钻床。刀具为高速钢麻花钻。

5）生产类型为中批量生产。

2．确定夹具结构方案

（1）确定定位方式。选择 $\phi 18^{+0.043}_{0}$ 的内孔和 $\phi 36$ 圆柱端面作为定位基准。$\phi 18^{+0.043}_{0}$ 的内孔限制 $\vec{Y}$、$\vec{Z}$、$\widehat{X}$、$\widehat{Y}$、$\widehat{Z}$，$\phi 36$ 圆柱端面限制 $\vec{Z}$，如图 6.3 所示。

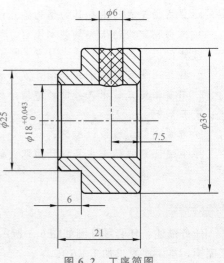

图 6.2　工序简图

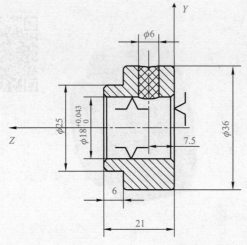
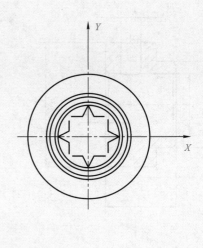

图 6.3　定位方式

（2）选择定位元件。

1）选择定位元件。根据定位方案，$\phi 36$ 端面采用平面定位，$\phi 18^{+0.043}_{0}$ 孔定位元件采用定位心轴，根据方案设计定位元件，如图 6.4 所示。

2）确定定位元件尺寸和配合公差。定位心轴与 $\phi 18^{+0.043}_{0}$ 孔有配合，查阅夹具设计手册取配合公差 $\dfrac{\mathrm{H6}}{\mathrm{g5}}$。

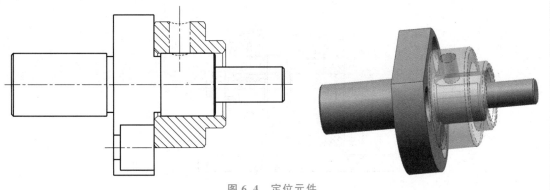

图 6.4　定位元件

为保证 $\phi 6$ 的孔与 $\phi 18^{+0.043}_{0}$ 的中心线垂直度，查阅夹具设计手册取定位心轴中心线与定位端面的垂直度为 0.04。

（3）分析计算定位误差。在加工件尺寸中，无尺寸公差要求和形位公差要求，不需要进行定位误差分析，只需要安装夹具时按照生产需求进行调整即可。

（4）确定夹紧装置。

1）确定夹具类型。采用固定式钻模夹具。由于钻套是直接安装在钻模板上的，钻套也始终保持固定状态，因此该夹具的加工精度能满足加工要求。

2）确定夹紧方式。夹具是以孔和端面作为定位基准，根据定位方案，采用螺旋压板方式对工件进行夹紧，其结构包括定位心轴、开口压板和压紧螺母。通过旋转压紧螺母，使开口压板左移，迫使开口压板工件夹紧，如图 6.5 所示。

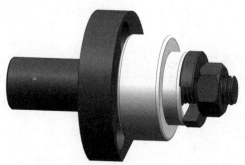

图 6.5　夹紧方式

（5）确定导向元件。根据设计任务要求，因采用台式钻床加工，需要刀具导向元件导套。

3. 绘制总装结构草图

根据定位和夹紧机构的设计，得到夹具基本结构如图 6.6 所示。

4. 确定夹具技术要求和有关尺寸以及公差配合

（1）技术要求。

1）装配前进行浸油处理；

2）零件不得有毛刺、飞边、灰尘等；

3）装配时不允许有磕碰和划伤；

4）使用前需对夹具进行定位和夹紧校核。

（2）公差配合。

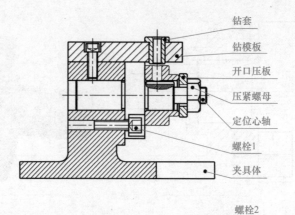

钻套
钻模板
开口压板
压紧螺母
定位心轴
螺栓1
夹具体

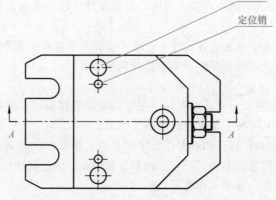

螺栓2
定位销

图 6.6　总装结构草图

1）定位销与钻模板和夹具体之间：$\phi 5 \dfrac{\text{H7}}{\text{m6}}$；

2）钻套与钻模板之间：$\phi 10 \dfrac{\text{H6}}{\text{h5}}$；

3）定位心轴与夹具体之间：$\phi 18 \dfrac{\text{H7}}{\text{n6}}$。

5. 确定夹具零件材料

查阅夹具设计手册，确定夹具各零件材料及热处理方式。

（1）夹具体：Q235，退火处理；

（2）钻模板：45 钢，淬火 43～48 HRC；

（3）定位心轴：45 钢，淬火 43～48 HRC；

（4）开口压板：45 钢，淬火 43～48 HRC；

（5）钻套：T10A，淬火 60～64 HRC。

任务实践

1. 绘制夹具零件图

（1）夹具体（图 6.7）。

夹具体

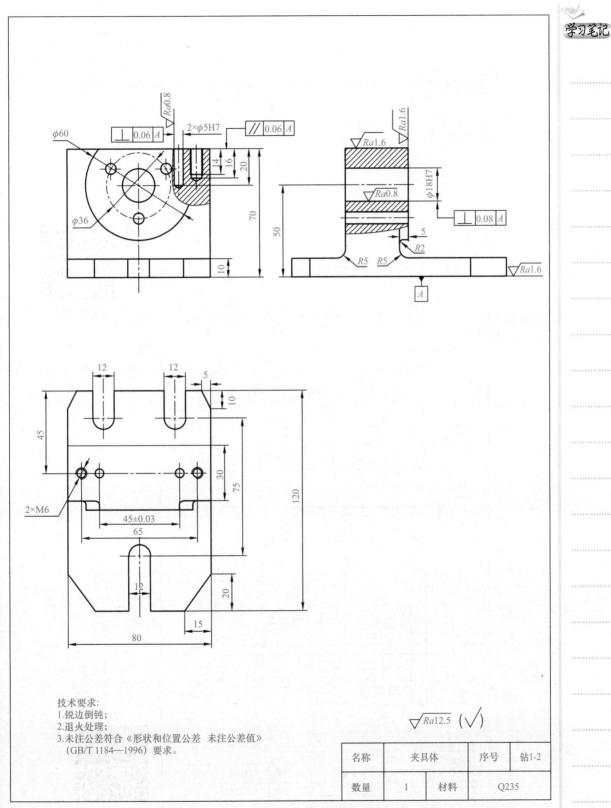

技术要求:
1. 锐边倒钝;
2. 退火处理;
3. 未注公差符合《形状和位置公差 未注公差值》
   (GB/T 1184—1996)要求。

$\sqrt{Ra12.5}$ ($\sqrt{}$)

名称	夹具体		序号	钻1-2
数量	1	材料		Q235

图 6.7 夹具体零件图

（2）定位心轴（图 6.8）。

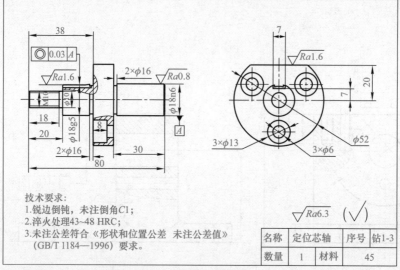

技术要求：
1.锐边倒钝，未注倒角C1；
2.淬火处理43~48 HRC；
3.未注公差符合《形状和位置公差 未注公差值》
 （GB/T 1184—1996）要求。

$\sqrt{Ra6.3}$ （$\sqrt{}$）

名称	定位芯轴	序号	钻1-3
数量	1	材料	45

定位芯轴

图 6.8　定位心轴零件图

（3）钻模板（图 6.9）。

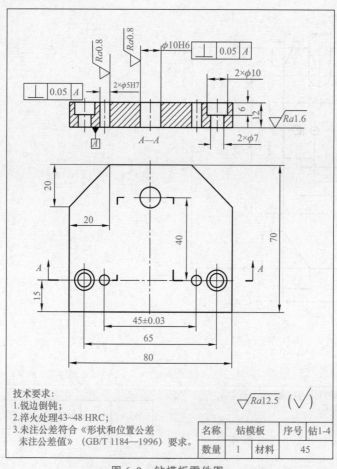

技术要求：
1.锐边倒钝；
2.淬火处理43~48 HRC；
3.未注公差符合《形状和位置公差
　未注公差值》（GB/T 1184—1996）要求。

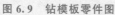

$\sqrt{Ra12.5}$ （$\sqrt{}$）

名称	钻模板	序号	钻1-4
数量	1	材料	45

钻模板

图 6.9　钻模板零件图

（4）钻套（图 6.10）。

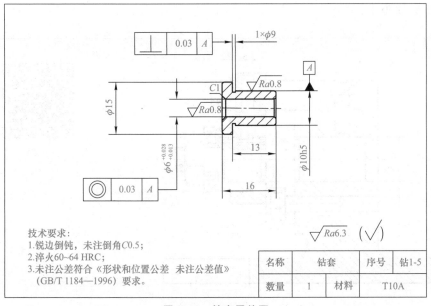

技术要求：
1.锐边倒钝，未注倒角C0.5；
2.淬火60~64 HRC；
3.未注公差符合《形状和位置公差　未注公差值》
　（GB/T 1184—1996）要求。

名称	钻套		序号	钻1-5
数量	1	材料		T10A

钻套

图 6.10　钻套零件图

（5）开口压板（图 6.11）。

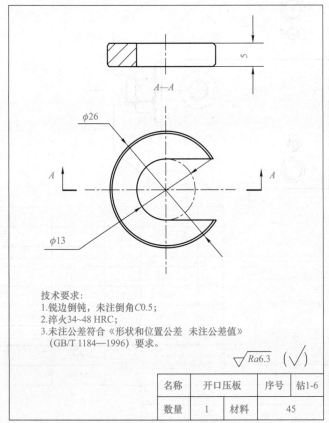

技术要求：
1.锐边倒钝，未注倒角C0.5；
2.淬火34~48 HRC；
3.未注公差符合《形状和位置公差　未注公差值》
　（GB/T 1184—1996）要求。

$\sqrt{Ra6.3}$ (√)

名称	开口压板		序号	钻1-6
数量	1	材料		45

开口压板

图 6.11　开口压板零件图

2. 绘制夹具总装图

夹具总装如图 6.12 所示。

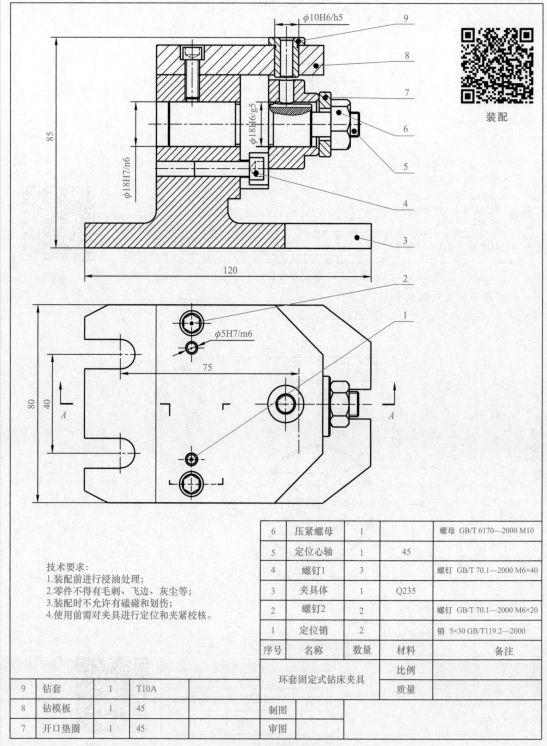

技术要求:
1.装配前进行浸油处理;
2.零件不得有毛刺、飞边、灰尘等;
3.装配时不允许有磕碰和划伤;
4.使用前需对夹具进行定位和夹紧校核。

6	压紧螺母	1		螺母 GB/T 6170—2000 M10
5	定位心轴	1	45	
4	螺钉1	3		螺钉 GB/T 70.1—2000 M6×40
3	夹具体	1	Q235	
2	螺钉2	2		螺钉 GB/T 70.1—2000 M6×20
1	定位销	2		销 5×30 GB/T119.2—2000
序号	名称	数量	材料	备注

环套固定式钻床夹具		比例	
		质量	

9	钻套	1	T10A		
8	钻模板	1	45	制图	
7	开口垫圈	1	45	审图	

图 6.12 夹具总装图

3. 夹具分析与使用方法

本夹具体积小、质量轻、结构简单、操作方便，适合小型零件的加工。

使用时将夹具固定在机床的工作台上，调整好夹具的位置，将钻头对准钻套即可。加工时，把工件插入定位心轴的定位圆柱面上，并使工件的端面靠紧心轴的定位平面，将开口压板分别装在工件的压紧面上，拧紧压紧螺母，使压板向右移动，将工件夹紧，即可开始钻削加工。

任务评价

序号	评价项目	评价标准	自我评价	互评	授课教师评价	企业导师评价	得分
1	职业素养（40分）	1. 劳动精神； 2. 创新思维； 3. 职业能力； 4. 学习态度					
2	知识能力（30分）	1. 固定式钻床夹具结构特点； 2. 固定式钻床夹具设计流程； 3. 固定式钻床夹具设计相关计算					
3	技术能力（30分）	1. 完成固定式钻床夹具设计； 2. 完成固定式钻床夹具设计说明书； 3. 能够准确描述固定式钻床夹具安装和使用方法					
4	增值评价	分别从德、智、体、美、劳各个方面进行评价					
合计得分							

任务拓展

（1）定位套筒零件图如图 6.13 所示。

工序描述：工件所有的表面都已经加工完毕。本工序要求加工 $\phi78$ 外圆柱面上 $\phi6$ 的孔。该孔位于径向圆柱面上，与主孔轴线相垂直，距底面长度为 22。生产规模为大批量。

设计任务：该工件在立式钻床上加工。要求以 $\phi42^{+0.062}_{0}$ 台阶孔、上端面及宽度为 60 圆缺面的一侧平面作为定位基准，并从一侧端面夹紧。孔的加工直接选用 $\phi6$ 钻头钻削完成。由于生产批量大，要求工件的装夹操作方便快捷。

（2）角法兰零件图如图 6.14 所示。

工序描述：角法兰工件所有的表面都已经加工完毕。本工序要求加工与底平面成 45° 夹角的 $\phi10$ 和 $\phi12^{+0.045}_{0}$ 同轴孔。生产规模为中等批量。

设计任务：该工序在立式钻床上加工。由于工件需要加工的孔的直径不同，且 $12^{+0.045}_{0}$ 孔要求有较高的精度，因此，需要设计快换钻套，以便迅速更换不同直径的钻套。钻 $\phi10$ 孔时直接

选用 $\phi 10$ 的钻头；钻 $\phi 12$ 孔时应选用 $\phi 11.8$ 的钻头；最后，用 $\phi 12$ 铰刀进行铰孔加工。要求夹具的定位和夹紧操作方便迅速。

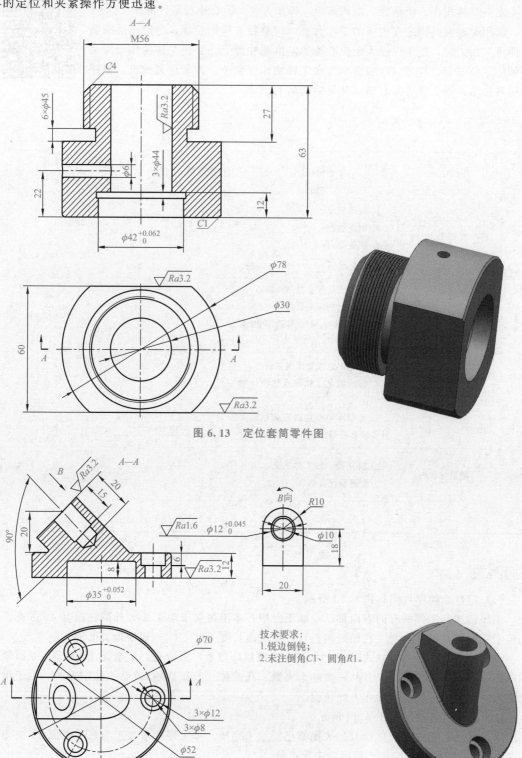

图 6.13　定位套筒零件图

技术要求：
1. 锐边倒钝；
2. 未注倒角 $C1$、圆角 $R1$。

图 6.14　角法兰零件图

任务 6.2　移动式翻转钻床夹具设计

学习目标

知识目标：

1. 掌握移动式翻转钻床夹具的结构特点；

2. 掌握移动式翻转钻床夹具基本流程。

技能目标：

1. 能运用移动式翻转钻床夹具设计方法进行技术标注；

2. 具备移动式翻转钻床夹具设计结构分析与设计能力。

素养目标：

1. 养成创新设计思想；

2. 具备移动式翻转钻床夹具设计的职业能力。

任务分析

端架零件图如图 6.15 所示，材料为 ZL101（铸造铝合金）。

工序要求：工件的其他表面已完成加工。本工序要求加工位于底板上的 4 个 $\phi12$ 的孔和小圆柱凸台上的 $\phi12$ 孔。生产规模为中批量。

设计任务：该工件在摇臂钻床上加工。要求两个表面上 5 个孔的加工直接选用 $\phi12$ 钻头在一次装夹中钻削完成。

端架

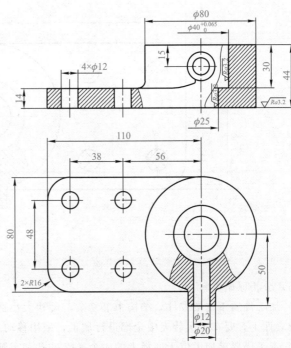

图 6.15　端架零件图

任务实施

1. 明确任务，收集分析原始资料

(1) 加工工件零件图。端架零件图如图 6.15 所示，为支架类零件。

(2) 主要加工工艺过程。本工序要求加工位于底板上的 4 个 $\phi 12$ 的孔和小圆柱凸台上的 $\phi 12$ 孔。

(3) 设计任务书（表 6.2）。

表 6.2 设计任务书

工件名称	端架	夹具类型	钻床夹具
材料	ZL101	生产类型	中批量
机床型号	Z3032	同时装夹数	1 件

(4) 工序简图（图 6.16）。

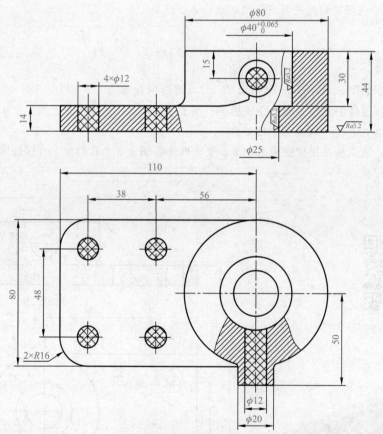

图 6.16 工序简图

(5) 分析原始资料。

1) 加工件属于支架零件，结构中等复杂，尺寸大小适中，由于加工的 5 个孔是分布在两个不同的表面上，要在一次装夹中全部进行加工，采用移动式两面翻转式夹具完成。

2) 本工序要求加工位于底板上的 4 个 $\phi 12$ 的孔和小圆柱凸台上的 $\phi 12$ 孔。

3）本工序前其他位置已加工完毕。可考虑以 $\phi 40^{+0.065}_{0}$、$\phi 25$ 的内孔和端面作为定位基准。

4）本工序使用的机床为 Z3032 型摇臂钻床。刀具为 $\phi 12$ 钻头。

5）生产类型为中批量生产。

2．确定夹具结构方案

（1）确定定位方式。选择 $\phi 40^{+0.065}_{0}$ 的内孔和低端端面、宽为 80 的后端面作为定位基准。$\phi 40^{+0.065}_{0}$ 的内孔限制 $\overrightarrow{X}$、$\overrightarrow{Y}$、$\overset{\curvearrowright}{X}$、$\overset{\curvearrowright}{Y}$，低端端面限制 $\overrightarrow{Z}$，宽为 80 的后端面限制 $\overset{\curvearrowright}{Z}$，如图 6.17 所示。

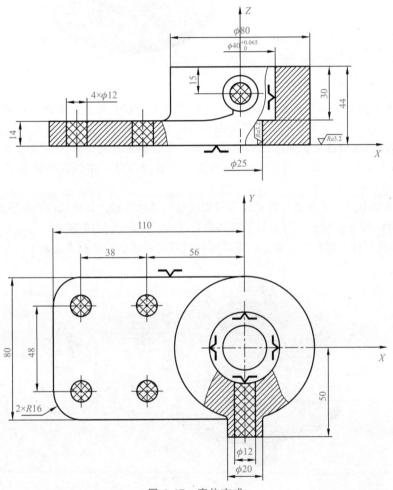

图 6.17　定位方式

（2）选择定位元件并确定尺寸和配合公差。

1）选择定位元件。根据定位方式，$\phi 40^{+0.065}_{0}$ 的内孔和低端端面采用定位轴套，宽为 80 的后端面采用支承钉销进行定位，如图 6.18 所示。

2）确定定位元件尺寸和配合公差。定位轴套与加工件 $\phi 40^{+0.065}_{0}$ 孔有配合，查阅夹具设计手册取配合公差 $\dfrac{\text{H8}}{\text{f7}}$。

（3）分析计算定位误差。在加工件尺寸中，所有加工尺寸无尺寸公差和形位公差要求。不做定位误差分析，定位精度在安装调试时进行测试校核。

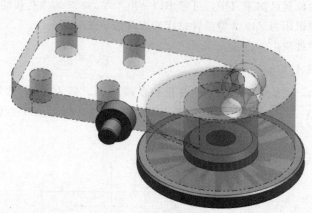

图 6.18　定位元件

（4）确定夹紧装置。

1）确定夹具类型。由于端架工件上要加工的孔在两个相互垂直的表面上，可将夹具体设计成 U 形结构，并通过定位轴套将工件固定在夹具体上。当以 $\phi40^{+0.065}_{0}$ 台阶孔的端面作为平面定位基准时，考虑到底板的上表面会出现悬空状态，应当增设辅助支承。为方便工件的装夹和拆卸，可将底板上 4 个需要加工的孔置于 U 形夹具体的开口处，并以翻转钻模板的形式来确定 4 个钻套的方位。

2）确定夹紧方式。工件的夹紧设计为螺旋压板夹紧的方式。夹紧元件有夹紧轴、锁紧螺母、开口压板和 M16 螺母，这些元件通过夹具体组合连接。当旋紧 M16 螺母时，通过开口压板及夹紧轴的作用，使工件夹紧在夹具体上。锁紧螺母用于使夹紧轴固定在夹具体上，如图 6.19 所示。

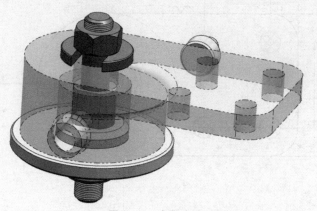

图 6.19　夹紧方式

（5）确定导向元件。根据设计任务要求，因采用摇臂钻床加工，需要设计刀具导向元件。导套如图 6.20 所示。

（6）确定其他结构。根据定位和夹紧方案，加工件四个孔的位置处于悬空状态，为保证加工过程中受力平衡，需要采用辅助支承，在辅助支承机构中，首先要根据工件加工位置设计出支承轴，支承轴的作用是从工件的下面将工件顶住，为方便后期调试，在支承轴上设计一调节螺母，可自由调节支承轴高度，如图 6.21 所示。

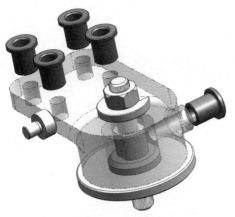

图 6.20 导套

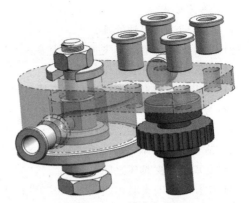

图 6.21 辅助支承

3. 绘制总装结构草图

根据定位和夹紧机构的设计，得到夹具基本结构如图 6.22 所示。

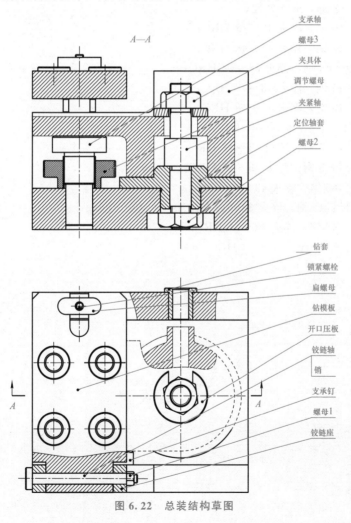

A—A

支承轴
螺母3
夹具体
调节螺母
夹紧轴
定位轴套
螺母2

钻套
锁紧螺栓
扁螺母
钻模板
开口压板
铰链轴
销
支承钉
螺母1
铰链座

图 6.22 总装结构草图

4. 确定夹具技术要求和有关尺寸及公差配合

(1) 技术要求。

1) 装配前进行浸油处理；

2) 零件不得有毛刺、飞边、灰尘等；

3) 装配时不允许有磕碰和划伤；

4) 使用前需对夹具进行定位和夹紧校核。

(2) 公差配合。

1) 铰链座与铰链轴之间：$\phi 8^{+0.043}_{0}$；

2) 钻套与夹具体和钻模板之间：$\phi 18^{+0.043}_{0}$；

3) 支承轴与夹具体之间：$\phi 20^{+0.043}_{0}$；

4) 定位轴套与夹具体之间：$\phi 30^{+0.043}_{0}$；

5) 支承钉与夹具体之间：$\phi 10^{+0.043}_{0}$。

5. 确定夹具零件材料

查阅夹具设计手册，确定夹具各零件材料及热处理方式。

(1) 夹具体：Q235，退火处理；

(2) 铰链座：45 钢，淬火 43～48 HRC；

(3) 铰链轴：45 钢，淬火 43～48 HRC；

(4) 开口压板：45 钢，淬火 38～42 HRC；

(5) 钻模板：45 钢，淬火 43～48 HRC；

(6) 扁螺母：45 钢，淬火 43～48 HRC；

(7) 钻套：T10A，淬火 60～64 HRC；

(8) 锁紧螺栓：45 钢，淬火 38～42 HRC；

(9) 定位轴套：45 钢，淬火 43～48 HRC；

(10) 夹紧轴：45 钢，淬火 43～48 HRC；

(11) 调节螺母：45 钢，淬火 38～42 HRC；

(12) 支承轴：45 钢，淬火 43～48 HRC；

(13) 支承钉：T8，淬火 60～68 HRC。

1. 绘制夹具零件图

（1）轴套（图 6.23）。

轴套

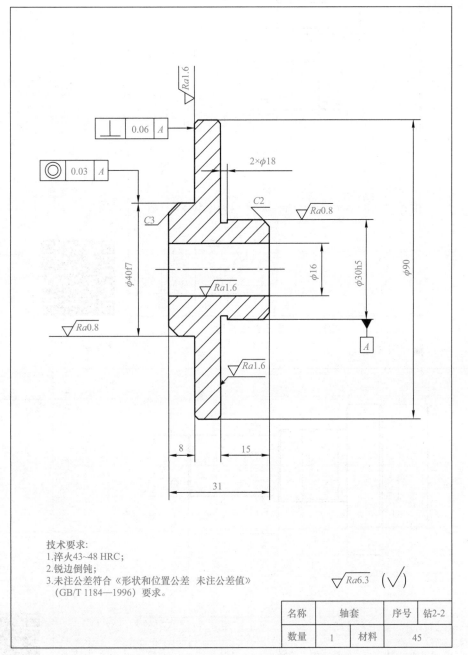

技术要求:
1.淬火43~48 HRC;
2.锐边倒钝;
3.未注公差符合《形状和位置公差 未注公差值》
  （GB/T 1184—1996）要求。

$\sqrt{Ra6.3}$ ($\checkmark$)

名称	轴套		序号	钻2-2
数量	1	材料		45

图 6.23　轴套零件图

（2）支承钉（图 6.24）。

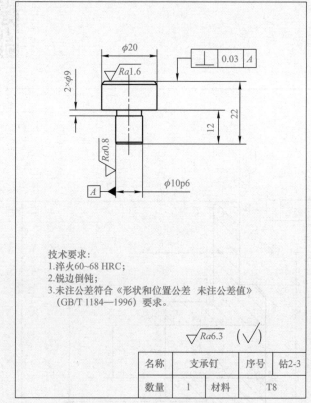

技术要求：
1.淬火60~68 HRC；
2.锐边倒钝；
3.未注公差符合《形状和位置公差 未注公差值》
 （GB/T 1184—1996）要求。

$\sqrt{Ra6.3}$ （$\sqrt{}$）

名称	支承钉	序号	钻2-3
数量	1	材料	T8

图 6.24 支承钉零件图

支撑钉

（3）支承轴（图 6.25）。

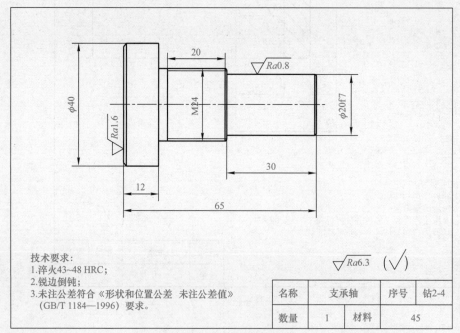

技术要求：
1.淬火43~48 HRC；
2.锐边倒钝；
3.未注公差符合《形状和位置公差 未注公差值》
 （GB/T 1184—1996）要求。

$\sqrt{Ra6.3}$ （$\sqrt{}$）

名称	支承轴	序号	钻2-4
数量	1	材料	45

图 6.25 支承轴零件图

支撑轴

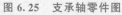

（4）调节螺母（图 6.26）。

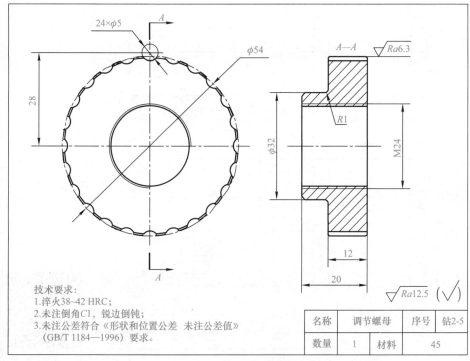

技术要求：
1.淬火38~42 HRC；
2.未注倒角C1，锐边倒钝；
3.未注公差符合《形状和位置公差 未注公差值》
  （GB/T 1184—1996）要求。

名称	调节螺母	序号	钻2-5
数量	1	材料	45

图 6.26　调节螺母零件图

调节螺母

（5）夹紧轴（图 6.27）。

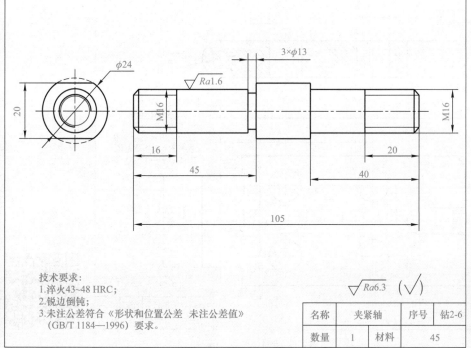

技术要求：
1.淬火43~48 HRC；
2.锐边倒钝；
3.未注公差符合《形状和位置公差 未注公差值》
  （GB/T 1184—1996）要求。

名称	夹紧轴	序号	钻2-6
数量	1	材料	45

图 6.27　夹紧轴零件图

夹紧轴

（6）夹具体（图 6.28）。

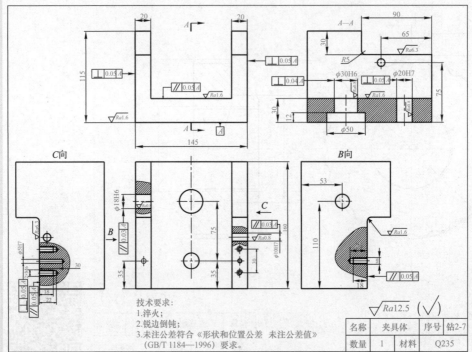

夹具体

图 6.28　夹具体零件图

（7）钻模板（图 6.29）。

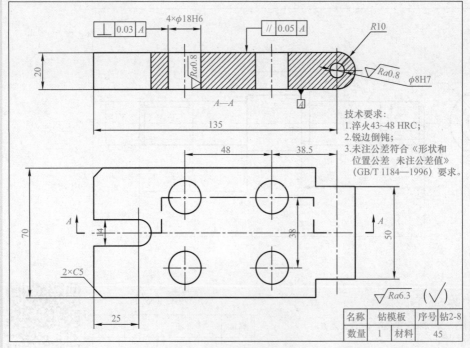

钻模板

图 6.29　钻模板零件图

（8）钻套（图6.30）。

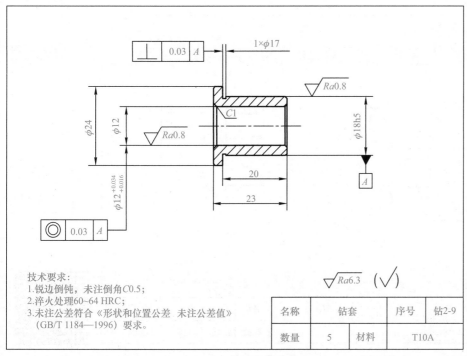

技术要求：
1.锐边倒钝，未注倒角C0.5；
2.淬火处理60~64 HRC；
3.未注公差符合《形状和位置公差 未注公差值》（GB/T 1184—1996）要求。

名称	钻套	序号	钻2-9
数量	5	材料	T10A

图6.30 钻套零件图

钻套

（9）铰链座（图6.31）。

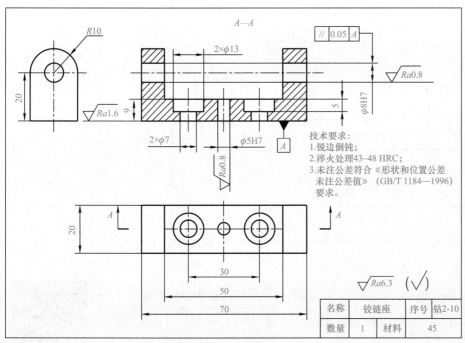

技术要求：
1.锐边倒钝；
2.淬火处理43~48 HRC；
3.未注公差符合《形状和位置公差 未注公差值》（GB/T 1184—1996）要求。

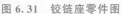

名称	铰链座	序号	钻2-10
数量	1	材料	45

图6.31 铰链座零件图

铰链座

（10）扁螺母（图 6.32）。

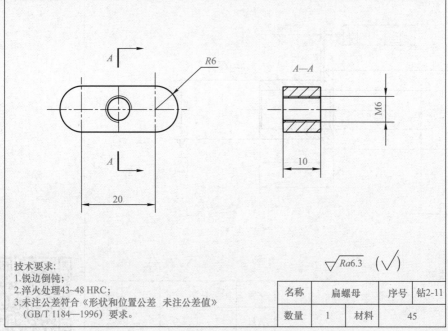

技术要求：
1.锐边倒钝；
2.淬火处理43~48 HRC；
3.未注公差符合《形状和位置公差 未注公差值》
  （GB/T 1184—1996）要求。

$\sqrt{Ra6.3}$ $(\sqrt{})$

名称	扁螺母		序号	钻2-11
数量	1	材料	45	

图 6.32　扁螺母零件图

扁螺母

（11）铰链轴（图 6.33）。

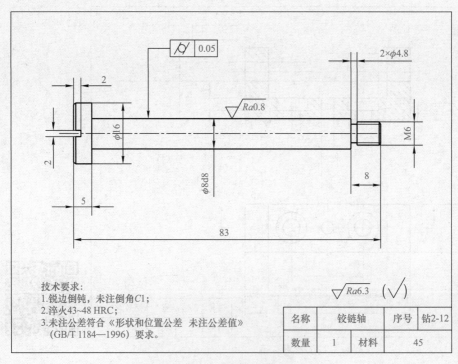

技术要求：
1.锐边倒钝，未注倒角C1；
2.淬火43~48 HRC；
3.未注公差符合《形状和位置公差 未注公差值》
  （GB/T 1184—1996）要求。

$\sqrt{Ra6.3}$ $(\sqrt{})$

名称	铰链轴		序号	钻2-12
数量	1	材料	45	

图 6.33　铰链轴零件图

铰链轴

（12）锁紧螺栓（图 6.34）。

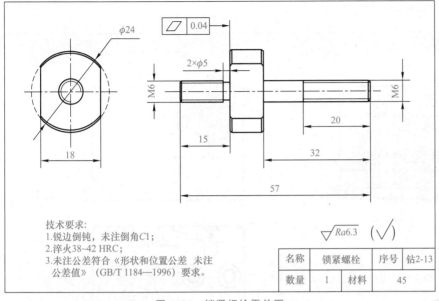

技术要求：
1.锐边倒钝，未注倒角C1；
2.淬火38~42 HRC；
3.未注公差符合《形状和位置公差 未注
公差值》（GB/T 1184—1996）要求。

$\sqrt{Ra6.3}$ （ $\sqrt{}$ ）

名称	锁紧螺栓		序号	钻2-13
数量	1	材料	45	

锁紧螺栓

图 6.34　锁紧螺栓零件图

（13）开口压板（图 6.35）。

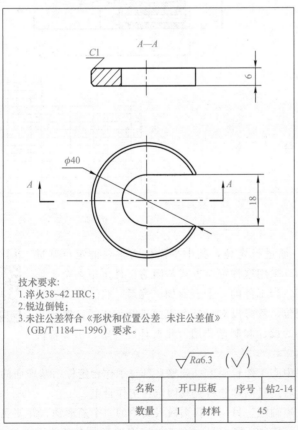

技术要求：
1.淬火38~42 HRC；
2.锐边倒钝；
3.未注公差符合《形状和位置公差 未注公差值》
（GB/T 1184—1996）要求。

$\sqrt{Ra6.3}$ （ $\sqrt{}$ ）

名称	开口压板		序号	钻2-14
数量	1	材料	45	

开口压板

图 6.35　开口压板零件图

2. 绘制夹具总装图

夹具总装图如图 6.36 所示。

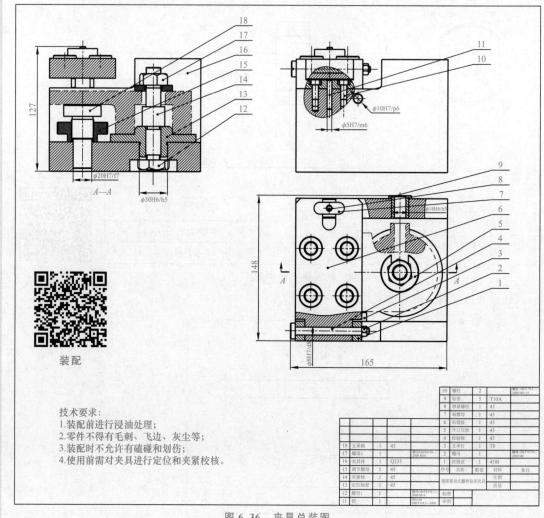

装配

技术要求：
1.装配前进行浸油处理；
2.零件不得有毛刺、飞边、灰尘等；
3.装配时不允许有磕碰和划伤；
4.使用前需对夹具进行定位和夹紧校核。

图 6.36　夹具总装图

3. 夹具分析与使用方法

本夹具的特点是采用两孔一面进行定位，其中平面作为主要的定位基准面，而两个孔面作为辅助定位面。采用这种定位方式是因为工件上下两个平面均需在本夹具上进行装夹和加工。当工件的一个表面加工完后，将工件翻转过来，用另一个菱形销进行辅助定位，就可以对另一个表面进行加工了，实现了一具两工位的加工，节省了夹具的设计和制造费用。此夹具适合中、小型零件的大批量规模生产。

标准件

使用时，将夹具安放在加工中心工作台面上，调整夹具与工作台定位槽基准面的间隙，确保夹具与工作台之间准确定位。然后用紧固螺栓将夹具固定在工作台上。

加工时，将工件中心孔插入短轴销，另一个孔则插入其中的一个菱形销，并使底面放置在方块基体的表面上。装上开口垫圈，旋紧压紧螺母，将工件牢固地夹紧在基体上。拧动调节旋钮，通过调节螺杆推动调节楔，使支承块从下面顶住工件的底面，确保工件可靠地支承住悬空部位。

至此，工件安装完毕，可开始切削加工。完成一个面的加工后，反方向拧松调节旋钮，使支承块下落脱离对工件底面的支承；再旋松压紧螺母，取下开口垫圈，将工件翻转过来，重新将工件的中心孔插入短轴销，而另一个孔则插入另外的菱形销，并按上述过程将工件重新夹紧和支承固定，即可对另一个面进行加工。

任务评价

序号	评价项目	评价标准	自我评价	互评	授课教师评价	企业导师评价	得分
1	职业素养（40分）	1. 劳动精神； 2. 创新思维； 3. 职业能力； 4. 学习态度					
2	知识能力（30分）	1. 移动式翻转钻床夹具结构特点； 2. 移动式翻转钻床夹具设计流程； 3. 移动式翻转钻床夹具设计相关计算					
3	技术能力（30分）	1. 完成移动式翻转钻床夹具设计； 2. 完成移动式翻转钻床夹具设计说明书； 3. 能够准确描述移动式翻转钻床夹具安装和使用方法					
4	增值评价	分别从德、智、体、美、劳各个方面进行评价					
合计得分							

任务拓展

（1）挂摆支座零件图如图 6.37 所示。

工序要求：挂摆支座工件的其他表面已加工完成。本工序要求加工工件两表面上的 3 个孔，即端面两个 $\phi 6$ 的孔和中部 $\phi 10$ 孔，$\phi 6$ 的两个孔共面，$\phi 10$ 的孔与 $\phi 6$ 的孔中心线垂直。生产规模为中批量。

设计任务：挂摆支座工件在台式钻床上加工。要求以 $\phi 15$ 的圆孔、侧平面及底面进行完全定位，并从 $\phi 15$ 的圆孔的侧表面夹紧。两种尺寸的孔分别用 $\phi 6$、$\phi 10$ 的钻头在一次装夹中钻削完成。由于三个孔是分布在两个不同的表面上，要在一次装夹中全部加工，只能采用翻转式夹具完成。

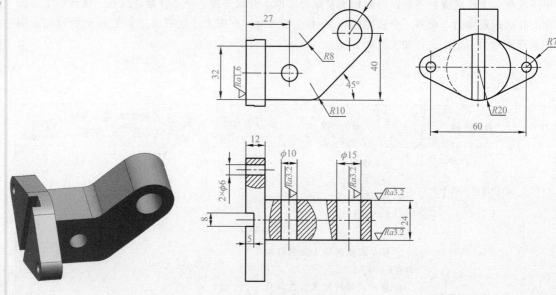

图 6.37　挂摆支座零件图

（2）支架零件图如图 6.38 所示。

工序要求：支架毛坯为锻造毛坯，材料为 HT150 钢，所有外形已加工完毕，本工序要加工 $\phi10H7$ 和 $\phi9H7$ 的孔。生产规模为中批量。

设计任务：支架在台式钻床上完成本工序加工，为保证加工精度，要求一次装夹完成两孔加工。要求操作方便、快捷。

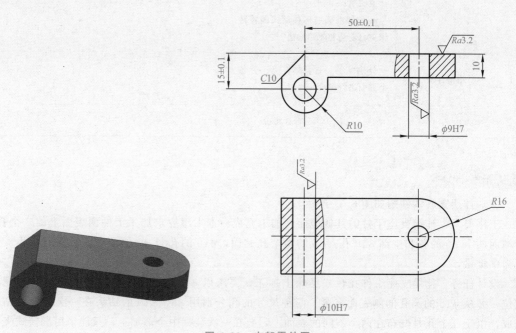

图 6.38　支架零件图

任务 6.3　分度式钻床夹具设计

学习目标

知识目标：

1. 掌握分度式钻床夹具的结构特点；
2. 掌握分度式钻床夹具的设计基本流程。

技能目标：

1. 能运用分度式钻床夹具设计方法进行技术标注；
2. 具备分度式钻床夹具设计结构分析与设计能力。

素养目标：

1. 养成工匠精神；
2. 具备心轴类车床夹具设计的职业能力。

任务分析

　　壳体零件图如图 6.39 所示，为壳体类零件，零件结构简单，零件材料为 QT400－15，毛坯为铸造件，其中端盖工件已完成车加工工序，壳体上的四个垂直均布孔未加工。

　　设计要求：采用摇臂钻床一次装夹加工位于 $\phi56$ 面上的 4 个 $\phi8$ 孔，刀具为 $\phi8$ 的麻花钻。两对孔相互垂直。生产规模为大批量。

壳体

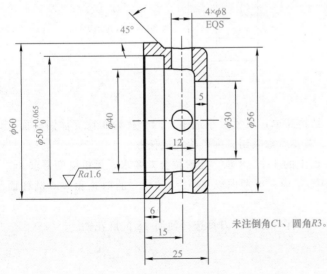

未注倒角C1、圆角R3。

图 6.39　壳体零件图

任务实施

1. 明确任务，收集分析原始资料

（1）加工工件零件图。壳体零件图如图6.39所示，为壳体类零件。

（2）主要加工工艺过程。本工序要求加工位于 $\phi56$ 面上的 4 个 $\phi8$ 孔，两对孔相互垂直。

（3）设计任务书（表6.3）。

表6.3 设计任务书

工件名称	壳体	夹具类型	钻床夹具
材料	QT400－15	生产类型	大批量
机床型号	Z3050	同时装夹数	1件

（4）工序简图（图6.40）。

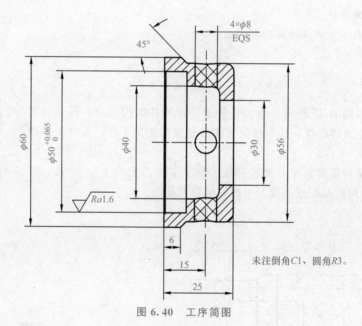

图6.40 工序简图

（5）分析原始资料。

1）加工件属于壳体类零件，结构简单，尺寸大小适中，四个孔均布在壳体圆柱面上，要求一次装夹完成四个孔的钻削加工，需要考虑采用分度机构完成任务。

2）本工序要求加工位于 $\phi56$ 面上的 4 个 $\phi8$ 孔，无形位公差要求，无粗糙度要求。

3）本工序前壳体外形已经加工完毕。可考虑以 $\phi40$、$\phi50^{+0.065}_{0}$ 的内孔和 $\phi60$ 圆柱面为定位基准。

4）本工序使用的机床为Z3050型摇臂钻床。刀具选择使用 $\phi8$ 的麻花钻。

5）生产类型为大批量生产。

2. 确定夹具结构方案

（1）确定夹具整体结构。由于工件的四个孔是位于同一轴向平面内的径向孔，需要采用分度式钻床夹具进行加工。夹具可分为两个主要机构，即固定机构和分度机构。工件定位并夹紧在分度机构上，而分度机构可在固定机构上进行旋转分度，并将其锁紧在固定机构上。为简化夹具结构，可将钻模板设计成环套式结构，并将其固定在分度盘上。四个钻套按工件上对应孔的方位，固定在环套式钻模板上。这样，当分度盘旋转分度时，工件、钻模板及其上面的相应钻套也同步进行分度，使其处于准确的加工位置上。如此设计，可以一次装夹完成四个孔的加工。

（2）确定定位方式。选择 $\phi50^{+0.065}_{0}$ 的内孔及端面作为定位基准（图 6.41）。$\phi50^{+0.065}_{0}$ 的内孔限制 $\vec{X}$、$\vec{Y}$、$\overset{\frown}{X}$、$\overset{\frown}{Y}$，端面限制 $\vec{Z}$。$\overset{\frown}{Z}$ 未进行限制，因加工件在钻孔前属于回转体，可以不用限制，满足加工要求。

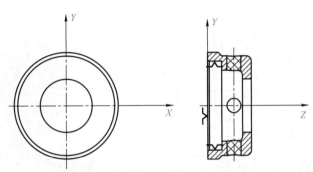

图 6.41 定位方式

（3）选择定位元件并确定元件尺寸和配合公差。

1）选择定位元件和设计分度机构。根据定位方式，选择 $\phi50^{+0.065}_{0}$ 的内孔及端面作为定位基准，选择定位套作为定位元件，同时也作为分度盘（图 6.42）。定位套上的圆柱面作为孔定位，其端面作为平面定位，定位套通过中心轴和中心套安装在夹具体上，可以旋转分度，不能轴向移动，在夹具体上安装用于分度的对定元件，如球面对定销、弹簧、调节螺套等，分度时转动分度盘，当球面对定销对准一个工位孔时，在弹簧的作用下会自动卡入圆锥形定位孔，再通过锁紧元件将分度盘紧固在夹具体上，即可进行相应的钻孔加工。对工件的夹紧操作通过安装在分度盘上的夹紧元件来实现。

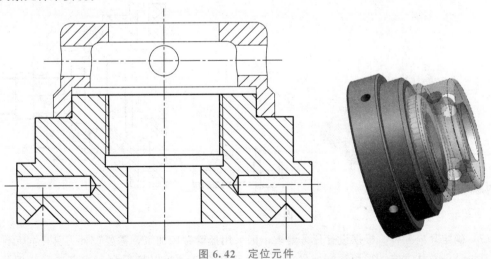

图 6.42 定位元件

2）确定定位元件尺寸和配合公差。定位套与 $\phi50^{+0.065}_{0}$ 孔有配合，查阅夹具设计手册取配合公差 $\phi50\dfrac{\text{H7}}{\text{f7}}$。

（4）分析计算定位误差。在加工件尺寸中，所有加工尺寸无尺寸公差和形位公差要求。在这里不做定位误差分析，定位精度在安装调试时进行测试校核。

（5）确定分度结构零件尺寸。分度对定元件有球面对定销、弹簧、调节螺套、φ8 垫圈（标准件）和 M8 螺母（标准件），安装在夹具体的对定孔中。球面对定销、弹簧和调节螺母的设计可参考夹具体和分度盘的结构和尺寸进行，如图 6.43 所示。

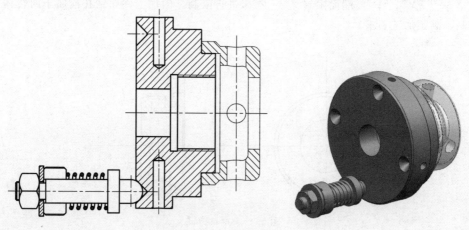

图 6.43　分度结构

（6）确定夹紧装置。

1）确定夹具类型。该夹具属于卧轴分度式钻床夹具，夹具中分度盘的旋转轴平行于机床工作台布置，当完成一个工位的孔的加工后，将分度盘旋转一定角度，再对下一个工位的孔进行加工。此类夹具用于加工同一轴向平面内、同一圆周上径向分布的径向孔。

2）确定夹紧方式。确定好工件定位后，需将工件夹紧在分度盘上。夹紧采用螺旋压板方式。夹紧元件有锁紧螺母、固定轴、开口压板和 M16 螺母（标准件），如图 6.44 所示。

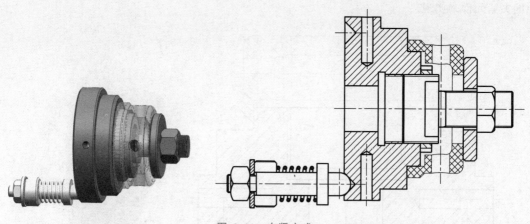

图 6.44　夹紧方式

（7）确定导向元件。根据设计任务要求，因采用摇臂钻床加工，需要设计刀具导向元件。根据夹具设计的总体方案，采用环套式钻模结构。将环套钻模板以静配合方式直接安装在分度盘上，并以圆柱销加以固定。四个钻套直接安装到其上的对应孔中。钻套均设计成固定结构。导向元件如图 6.45 所示。

（8）确定其他结构。根据总体设计方案，壳体用夹具要设计固定机构，即支撑机构和锁紧元件。支撑机构主要有夹具体、中心轴、中心套、导向螺钉。中心套安装在夹具体中心孔中；中心轴安装在中心套中，并与分度盘成滑动配合；导向螺钉安装在夹具体上，限制中心轴的转动。锁紧元件有手轮式螺母和挡圈。这两个元件都装配到中心轴上，用于将分度盘锁紧在夹具体上，如图 6.46 所示。

图 6.45　导向元件

图 6.46　支撑机构

3. 绘制总装结构草图

根据定位和夹紧机构的设计，得到夹具基本结构，如图 6.47 所示。

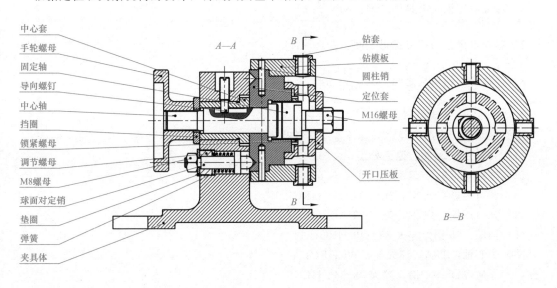

中心套　手轮螺母　固定轴　导向螺钉　中心轴　挡圈　锁紧螺母　调节螺母　M8螺母　球面对定销　垫圈　弹簧　夹具体

钻套　钻模板　圆柱销　定位套　M16螺母　开口压板

A—A　B　B—B

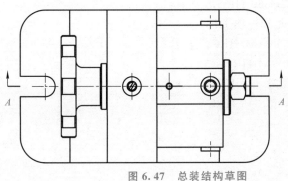

图 6.47　总装结构草图

4. 确定夹具技术要求和有关尺寸及公差配合

（1）技术要求。

1）装配前进行浸油处理；

2）零件不得有毛刺、飞边、灰尘等；

3）装配时不允许有磕碰和划伤；

4）使用前需对夹具进行定位和夹紧校核。

（2）公差配合。

1）钻套与钻模板之间：$\phi 12 \dfrac{H7}{d8}$；

2）圆柱销与钻套、定位套之间：$\phi 5 \dfrac{H7}{m6}$；

3）中心轴与定位套之间：$\phi 20 \dfrac{H7}{f7}$；

4）中心轴与中心套之间：$\phi 20 \dfrac{H7}{m6}$；

5）中心套与夹具体之间：$\phi 30 \dfrac{H7}{n6}$；

6）球面对定销与夹具体之间：$\phi 18 \dfrac{H7}{f7}$；

7）球面对定销与调节螺母之间：$\phi 10 \dfrac{H7}{h6}$；

8）定位套和钻模板之间：$\phi 70 \dfrac{H7}{g6}$。

5. 确定夹具零件材料

查阅夹具设计手册，确定夹具各零件材料及热处理方式。

（1）夹具体：Q235，退火处理；

（2）球面对定销：T7A，淬火 53～58 HRC；

（3）调节螺母：45 钢，淬火 33～48 HRC；

（4）开口压板：45 钢，淬火 33～48 HRC；

（5）挡圈：45 钢，淬火 38～42 HRC；

（6）中心轴：T8A，淬火 55～60 HRC；

（7）导向螺钉：45 钢，淬火 38～42 HRC；

（8）固定轴：T8A，淬火 55～60 HRC；

（9）手轮螺母：45 钢，淬火 33～48 HRC；

（10）中心套：T7A，淬火 60～64 HRC；

（11）钻套：T7A，淬火 60～64 HRC；

（12）钻模板：45 钢，淬火 38～42 HRC；

（13）定位套：45 钢，淬火 43～48 HRC。

1. 绘制夹具零件图

（1）定位套（图 6.48）。

定位套

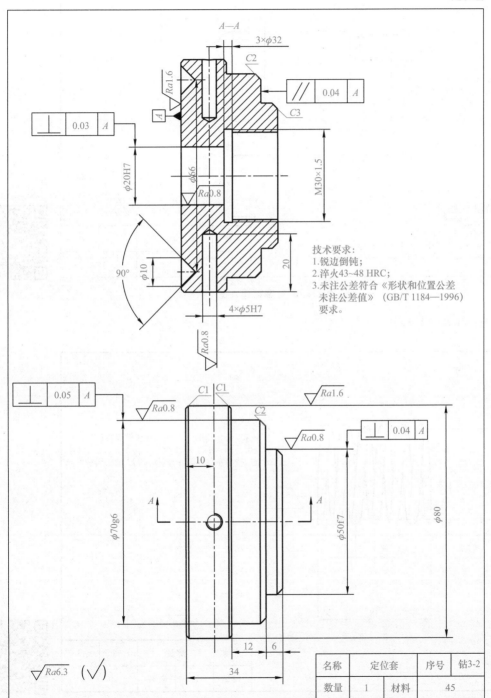

技术要求：
1. 锐边倒钝；
2. 淬火43~48 HRC；
3. 未注公差符合《形状和位置公差
   未注公差值》（GB/T 1184—1996）
   要求。

名称	定位套		序号	钻3-2
数量	1	材料		45

图 6.48　定位套零件图

（2）球面对定销（图6.49）。

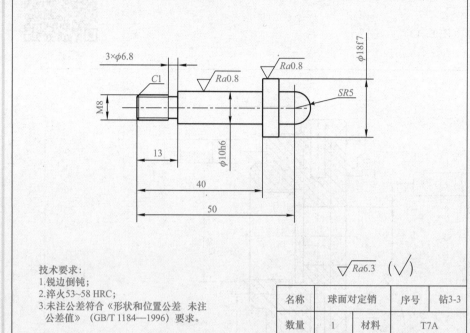

技术要求：
1.锐边倒钝；
2.淬火53~58 HRC；
3.未注公差符合《形状和位置公差 未注
公差值》（GB/T 1184—1996）要求。

$\sqrt{Ra6.3}$ $(\sqrt{\ })$

名称	球面对定销		序号	钻3-3
数量	1	材料		T7A

图 6.49　球面对定销零件图

球面对定销

（3）弹簧（图6.50）。

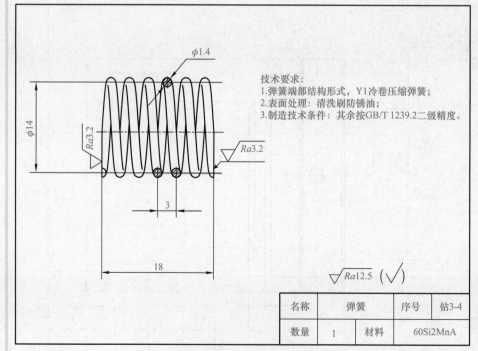

技术要求：
1.弹簧端部结构形式，Y1冷卷压缩弹簧；
2.表面处理：清洗刷防锈油；
3.制造技术条件：其余按GB/T 1239.2二级精度。

$\sqrt{Ra12.5}$ $(\sqrt{\ })$

名称	弹簧		序号	钻3-4
数量	1	材料		60Si2MnA

图 6.50　弹簧零件图

弹簧

（4）调节螺母（图 6.51）。

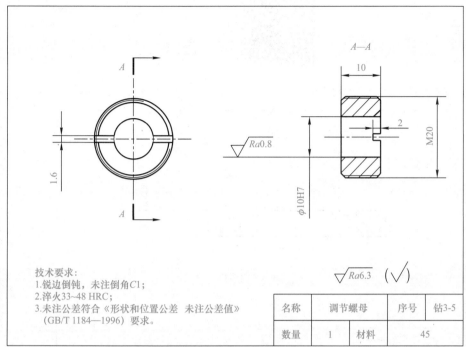

技术要求:
1.锐边倒钝，未注倒角C1；
2.淬火33~48 HRC；
3.未注公差符合《形状和位置公差 未注公差值》
　（GB/T 1184—1996）要求。

名称	调节螺母		序号	钻3-5
数量	1	材料	45	

调节螺母

图 6.51　调节螺母零件图

（5）固定轴（图 6.52）。

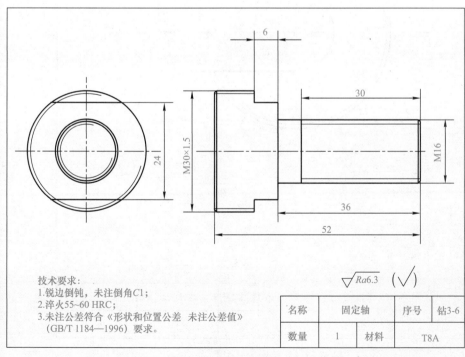

技术要求:
1.锐边倒钝，未注倒角C1；
2.淬火55~60 HRC；
3.未注公差符合《形状和位置公差 未注公差值》
　（GB/T 1184—1996）要求。

名称	固定轴		序号	钻3-6
数量	1	材料	T8A	

固定轴

图 6.52　固定轴零件图

（6）开口压板（图 6.53）。

开口压板

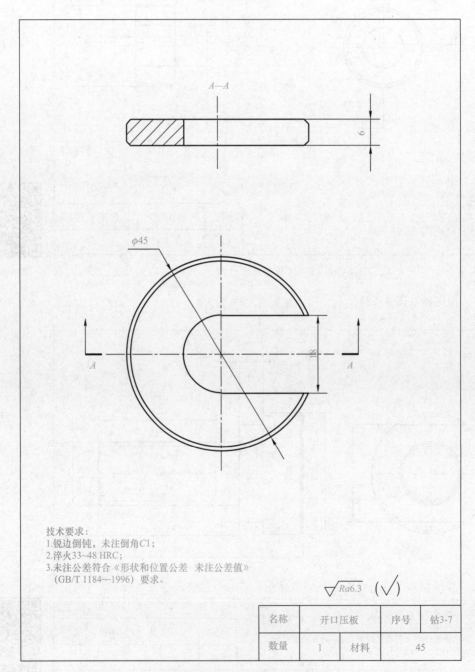

技术要求：
1.锐边倒钝，未注倒角C1；
2.淬火33~48 HRC；
3.未注公差符合《形状和位置公差 未注公差值》
  （GB/T 1184—1996）要求。

$\sqrt{Ra6.3}$ $(\sqrt{})$

名称	开口压板		序号	钻3-7
数量	1	材料	45	

图 6.53　开口压板零件图

（7）夹具体（图 6.54）。

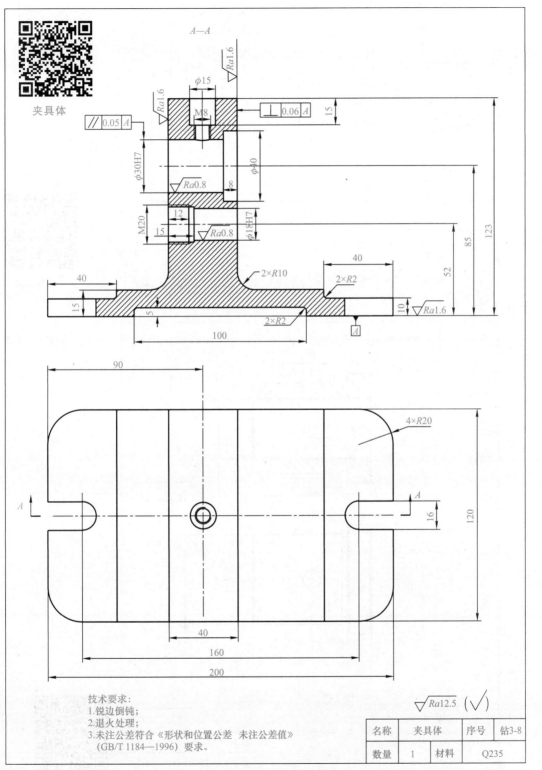

技术要求：
1. 锐边倒钝；
2. 退火处理；
3. 未注公差符合《形状和位置公差　未注公差值》
　（GB/T 1184—1996）要求。

$\sqrt{Ra12.5}$ ($\sqrt{}$)

名称	夹具体		序号	钻3-8
数量	1	材料		Q235

图 6.54　夹具体零件图

（8）中心轴（图6.55）。

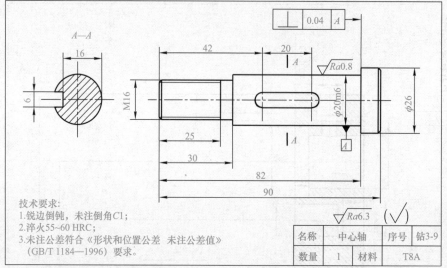

技术要求:
1.锐边倒钝，未注倒角C1；
2.淬火55~60 HRC；
3.未注公差符合《形状和位置公差 未注公差值》
   （GB/T 1184—1996）要求。

$\sqrt{Ra6.3}$ $(\sqrt{})$

名称	中心轴	序号	钻3-9
数量	1	材料	T8A

中心轴

图6.55 中心轴零件图

（9）中心套（图6.56）。

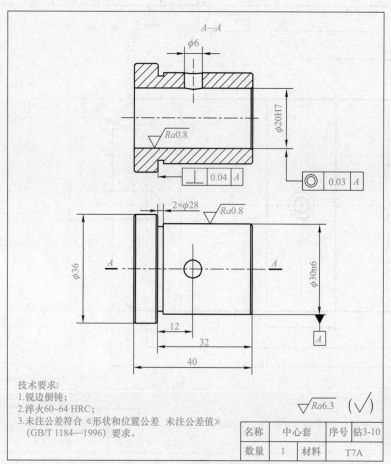

技术要求:
1.锐边倒钝；
2.淬火60~64 HRC；
3.未注公差符合《形状和位置公差 未注公差值》
   （GB/T 1184—1996）要求。

$\sqrt{Ra6.3}$ $(\sqrt{})$

名称	中心套	序号	钻3-10
数量	1	材料	T7A

中心套

图6.56 中心套零件图

（10）手轮螺母（图 6.57）。

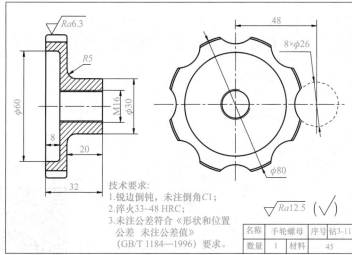

技术要求:
1.锐边倒钝，未注倒角C1；
2.淬火33~48 HRC；
3.未注公差符合《形状和位置
　公差 未注公差值》
　（GB/T 1184—1996）要求。

$\sqrt{Ra12.5}$ （$\sqrt{}$）

名称	手轮螺母	序号	钻3-11
数量	1	材料	45

图 6.57　手轮螺母零件图

手轮螺母

（11）钻模板（图 6.58）。

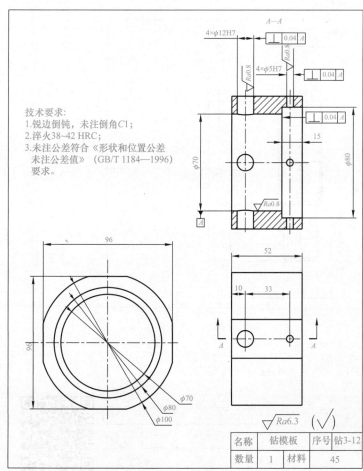

技术要求:
1.锐边倒钝，未注倒角C1；
2.淬火38~42 HRC；
3.未注公差符合《形状和位置公差
　未注公差值》（GB/T 1184—1996）
　要求。

$\sqrt{Ra6.3}$ （$\sqrt{}$）

名称	钻模板	序号	钻3-12
数量	1	材料	45

图 6.58　钻模板零件图

钻模板

（12）钻套（图 6.59）。

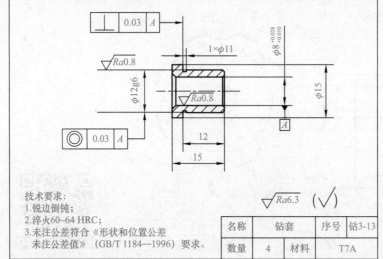

技术要求：
1. 锐边倒钝；
2. 淬火 60~64 HRC；
3. 未注公差符合《形状和位置公差 未注公差值》（GB/T 1184—1996）要求。

$\sqrt{Ra6.3}$ $(\sqrt{})$

名称	钻套		序号	钻3-13
数量	4	材料	T7A	

图 6.59　钻套零件图

钻套

（13）导向螺钉（图 6.60）。

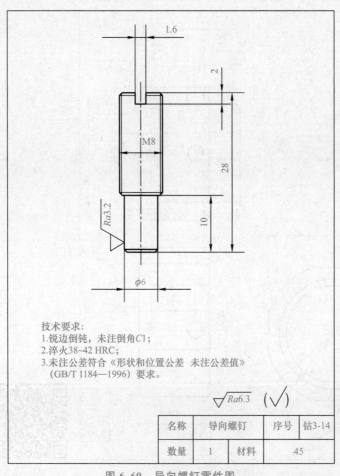

技术要求：
1. 锐边倒钝，未注倒角 C1；
2. 淬火 38~42 HRC；
3. 未注公差符合《形状和位置公差 未注公差值》（GB/T 1184—1996）要求。

$\sqrt{Ra6.3}$ $(\sqrt{})$

名称	导向螺钉		序号	钻3-14
数量	1	材料	45	

图 6.60　导向螺钉零件图

导向螺钉

2. 绘制夹具总装图

夹具总装如图 6.61 所示。

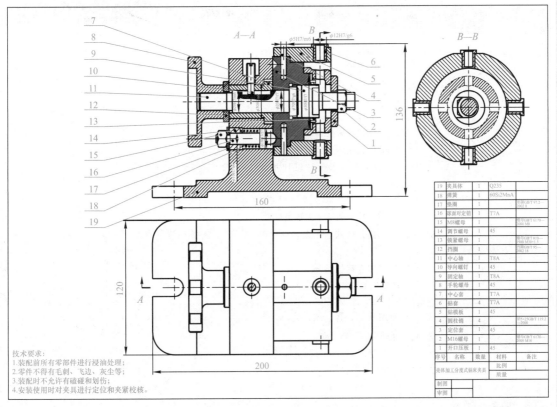

技术要求：
1.装配前所有零部件进行浸油处理；
2.零件不得有毛刺、飞边、灰尘等；
3.装配时不允许有磕碰和划伤；
4.安装使用时对夹具进行定位和夹紧校核。

19	夹具体	1	Q235	
18	弹簧	1	60Si2MnA	
17	垫圈	1		垫圈GB/T 97.2—2002 8
16	球面对定销	1	T7A	
15	M8螺母	1		螺母GB/T 6170—2000 M8
14	调节螺母	1	45	
13	锁紧螺母	1		螺母GB/T 810—1988 M30×1.5
12	挡圈	1		挡圈GB/T 895—2002 18
11	中心轴	1	T8A	
10	导向螺钉	1	45	
9	固定轴	1	T8A	
8	手轮螺母	1	45	
7	中心套	1	T7A	
6	钻套	4	T7A	
5	钻模板	1	45	
4	圆柱销	4		销GB/T 119.2—2000
3	定位套	1	45	
2	M16螺母	1		螺母GB/T 6170—2000 M16
1	开口压板	1		
序号	名称	数量	材料	备注
壳体加工分度式钻床夹具			比例	
			质量	
制图				
审图				

图 6.61　夹具总装图

3. 夹具分析与使用方法

本夹具的特点是采用两孔一面进行定位，其中平面作为主要的定位基准面，而两个孔面作为辅助定位面。采用这种定位方式是因为工件上下两个平面均需要在本夹具上进行装夹和加工。当工件的一个表面加工完后，将工件翻转过来，用另一个菱形销进行辅助定位，就可以对另一个表面进行加工，实现了一夹具两工位的加工，节省了夹具的设计和制造费用。此夹具适合中、小型零件的大批量规模生产。

装配

标准件

使用时，将夹具安放在加工中心工作台面上，调整夹具与工作台定位槽基准面的间隙，确保夹具与工作台之间准确定位。然后用紧固螺栓将夹具固定在工作台上。

加工时，将工件中心孔插入短轴销，另一个孔则插入其中的一个菱形销，并使底面放置在方块基体上的表面上。装上开口垫圈，旋紧压紧螺母，将工件牢固地夹紧在基体上。拧动调节旋钮，通过调节螺杆推动调节楔，使支承块从下面顶住工件的底面，确保工件可靠地支承住悬空部位。至此工件安装完毕，可开始切削加工。完成一个面的加工后，反方向拧松调节旋钮，使支承块下落脱离对工件底面的支承；再旋松压紧螺母，取下开口垫圈，将工件翻转过来，重新将工件的中心孔插入短轴销，而另一个孔则插入另外的菱形销，并按上述过程将工件重新夹紧和支承固定，即可对另一个面进行加工。

任务评价

序号	评价项目	评价标准	自我评价	互评	授课教师评价	企业导师评价	得分
1	职业素养（40分）	1. 劳动精神； 2. 创新思维； 3. 职业能力； 4. 学习态度					
2	知识能力（30分）	1. 分度式钻床夹具结构特点； 2. 分度式钻床夹具设计流程； 3. 分度式钻床夹具设计相关计算					
3	技术能力（30分）	1. 完成分度式钻床夹具设计； 2. 完成分度式钻床夹具设计说明书； 3. 能够准确描述分度式钻床夹具的安装和使用					
4	增值评价	分别从德、智、体、美、劳各个方面进行评价					
合计得分							

任务拓展

（1）密封法兰零件图如图 6.62 所示。

工序要求：密封法兰工件已完成车加工工序。本工序要求一次装夹完成均布在 $\phi99$ 分度圆上的 6 个孔的加工，即直径为 $\phi9$ 的通孔。生产规模为中等批量。

设计任务：密封法兰工件在摇臂钻床上加工，设计夹具。要求以 $\phi68$ 台阶孔及其端面作为定位基准，并从上端面夹紧。孔的加工分别选用 $\phi9$ 钻头一次钻削完成。

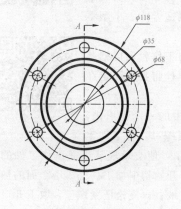
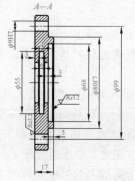

图 6.62　密封法兰零件图

（2）套筒零件图如图 6.63 所示。

工序要求：套筒工件毛坯为管料，45 钢，已完成车加工工序，即套筒端面、$\phi 82$ 的槽、$\phi 40 H7$ 的孔、$\phi 80 H7$ 台阶孔已完成加工。本工序要求一次装夹完成均布在 $\phi 96 g6$ 圆柱面上的 3 个孔加工，3 个孔之间要求均布。生产规模为中等批量。

设计任务：该工序采用钻床加工，设计夹具。为保证三个孔的位置精度，一次装夹完成三个孔的加工，夹具操作简单方便。

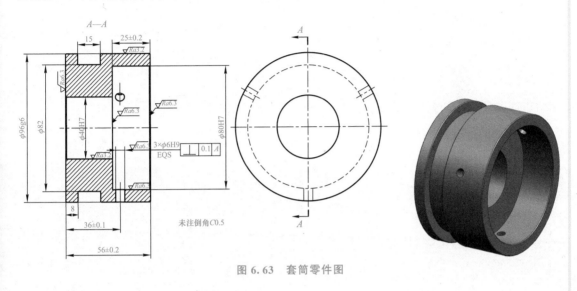

图 6.63　套筒零件图

拓展学习

女排精神

2019 年 10 月 1 日，庆祝中华人民共和国成立 70 周年典礼上，中国女排成员乘着"祖国万岁"花车，经过天安门前，挥手向人们致意。

中国女排承载着几代人的共同记忆，喜爱女排、关注女排始终是人们津津乐道的话题。

1981 年中国女排首夺世界冠军后，贺信、贺电从祖国四面八方飞来，广西一位青年工人精心打造一把"铁榔头"送给郎平，将女排队员的形象印上邮票和日历……人民群众用各种方式表达对女排的喜爱之情。

当时的《人民日报》专门开辟"学女排，见行动"专栏。重获命运转机的大学生、走街串巷的个体户、奔向新生活的打工者，他们都从女排身上汲取精神养分，展现出昂扬奋进、敢闯敢试的时代气质。

中国女排的成长与国家的发展、社会的进步同频共振，不断迸发新的光彩："五连冠"时期，女排精神映射着改革开放的时代呼唤。21 世纪初期，以女排重返巅峰为契机，广大群众积极在各自的岗位发光发热。走进新时代，女排精神继续焕发着强大生命力，激励人们为实现中华民族伟大复兴的中国梦而接续奋斗。

里约奥运会后，许多年轻人接过传承女排精神的接力棒。女排永不低头的倔强、越挫越勇的风范，被更多"90 后""00 后"所认同。

国家需要精神引领，人生需要价值导航。迈上新征程，我们面临的挑战与竞争如同赛场比拼。大力弘扬女排精神，亿万中国人民拧成一股绳，在中国特色社会主义道路上锲而不舍地走下去，就一定能够实现中华民族伟大复兴。

体育代表着青春、健康、活力，关乎人民幸福，关乎民族未来。体育强则中国强，国运兴则体育兴。以女排精神激荡中国力量，亿万人民同唱"五星红旗，我为你自豪"，我们必将在国家强盛、民族复兴的蓝图上，续写中国奇迹，创造新的辉煌。

附　录

附录 1　机械加工定位和夹紧符号

附表 1-1　机械加工定位和夹紧符号

标注位置 分类		独立		联动	
		视图轮廓线上	视图正面上	视图轮廓线上	视图正面上
定位点	固定				
	活动				
辅助支承					
机械夹紧					
液压夹紧		Y	Y	Y	Y
气动夹紧		Q	Q	Q	Q

示例：阿拉伯数字表示所限制的自由度数。

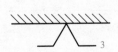

附录 2　各类生产类型的生产纲领

附表 2-1　各类生产类型的生产纲领

生产纲领						
生产类型		单件生产	成批生产			大量生产
			小批	中批	大批	
产品类型	重型机械	<5	5～100	100～300	300～1 000	>1 000
	中型机械	<10	10～200	200～500	500～5 000	>5 000
	轻型机械	<100	100～500	500～5 000	5 000～50 000	>50 000

注："重型机械""中型机械"和"轻型机械"可分别以轧钢机、柴油机和缝纫机为代表。

附录 3　机床连接尺寸

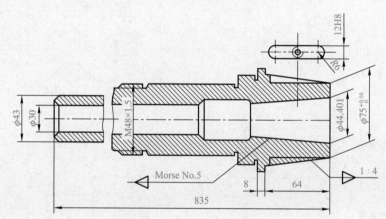

附图 3-1　C616、C616A 主轴尺寸

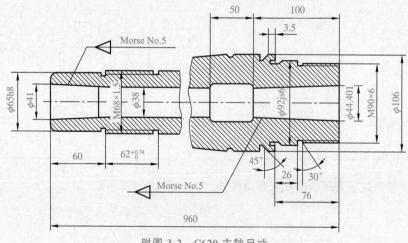

附图 3-2　C620 主轴尺寸

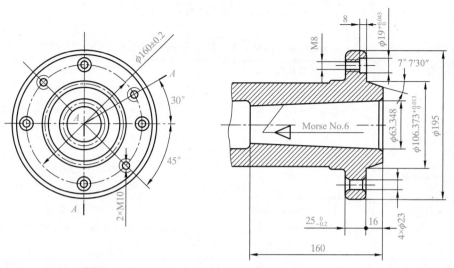
附图 3-3　CA6140、CA6150、CA6240、CA6250 主轴尺寸

附表 3-1　铣床工作台及 T 形槽尺寸

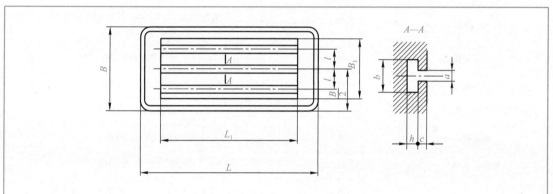

型号	B	B_1	l	L	L_1	a	b	h	c
X5025	250	—	50	1 120	—	14	24	11	14
X5028	280	—	60	1 120	—	14	24	11	18
X5030	300	222	60	1 120	900	14	24	11	16
X6030	300	222	60	1 120	900	14	24	11	18
X6130	300	222	60	1 120	900	14	24	11	16
X52K	320	255	70	1 250	1 130	18	30	14	18
X53K	400	290	90	1 600	1 475	18	30	14	18
X62W	320	220	70	1 250	1 055	18	30	14	18
X63W	400	290	90	1 600	1 385	18	30	14	18

附录4　常用夹具元件材料及其热处理

附表 4-1　常用夹具元件材料及其热处理

名称		推荐材料	热处理要求
定位元件	支承钉	$D \leqslant 12$ mm，T7A $D > 12$ mm，20 钢	淬火 60～64 HRC 渗碳深 0.8～1.2 mm，淬火 60～64 HRC
	支承板	20 钢	渗碳深 0.8～1.2 mm，淬火 60～64 HRC
	可调支承螺钉	45 钢	头部淬火 38～42 HRC $L < 12$ mm，整体淬火 60～64 HRC
	定位销	$D \leqslant 16$ mm，T8A $D > 16$ mm，20 钢	淬火 53～58 HRC 渗碳深 0.8～1.2 mm，淬火 53～58 HRC
	定位心轴	$D \leqslant 35$ mm，T7A $D > 35$ mm，45 钢	淬火 55～60 HRC 淬火 43～48 HRC
	V 形块	20 钢	渗碳深 0.8～1.2 mm，淬火 60～64 HRC
夹紧元件	斜楔	20 钢 或 45 钢	渗碳深 0.8～1.2 mm，淬火 58～62 HRC 淬火 43～48 HRC
	压紧螺钉	45 钢	淬火 38～42 HRC
	螺母	45 钢	淬火 33～38 HRC
	摆动压块	45 钢	淬火 43～48 HRC
	普通螺钉压板	45 钢	淬火 38～42 HRC
	钩形	45 钢	淬火 38～42 HRC
	圆偏心轮	45 钢 或优质工具钢	渗碳深 0.8～1.2 mm，淬火 60～64 HRC 渗碳深 0.8～1.2 mm，淬火 50～55 HRC
其他专用元件	对刀块	20 钢	渗碳深 0.8～1.2 mm，淬火 60～64 HRC
	塞尺	T7A	淬火 60～64 HRC
	定向键	45 钢	淬火 43～48 HRC
	钻套	内径 $\leqslant 25$ mm，T10A 内径 > 25 mm，20 钢	淬火 60～64 HRC 渗碳深 0.8～1.2 mm，淬火 60～64 HRC
	衬套	内径 $\leqslant 25$ mm，T10A 内径 > 25 mm，20 钢	淬火 60～64 HRC 渗碳深 0.8～1.2 mm，淬火 60～64 HRC
夹具体		HT150 或 HT200 Q190、Q215、Q235	时效处理 退火处理

附录 5　夹具元件间常用配合选择

附表 5-1　夹具元件间常用配合选择

工作形势	精度要求		示例
	一般精度	较高精度	
定位元件与工件定位基准间	$\dfrac{H7}{h6},\dfrac{H7}{g6},\dfrac{H7}{f7}$	$\dfrac{H6}{h5},\dfrac{H6}{g5},\dfrac{H6}{f5}$	定位销与工件基准孔
有引导作用并有相对运动的元件间	$\dfrac{H7}{h6},\dfrac{H7}{g6},\dfrac{H7}{f7}$ $\dfrac{H7}{h6},\dfrac{G7}{h6},\dfrac{F7}{h6}$	$\dfrac{H6}{h5},\dfrac{G6}{h5},\dfrac{F6}{h5}$ $\dfrac{H6}{h5},\dfrac{G6}{h5},\dfrac{F6}{h5}$	滑动定位件 刀具与导套
无引导作用但有相对运动的元件间	$\dfrac{H7}{f9},\dfrac{H9}{d9}$	$\dfrac{H7}{d8}$	滑动夹具底座板
没有相对运动的元件间	$\dfrac{H7}{n6},\dfrac{H7}{p6},\dfrac{H7}{r7},\dfrac{H7}{s6},\dfrac{H7}{u6},\dfrac{H8}{t6}$（无紧固件） $\dfrac{H7}{m6},\dfrac{H7}{k6},\dfrac{H7}{js6},\dfrac{H7}{m6},\dfrac{H7}{k8}$（有紧固件）		固定支承钉 定位销

附录 6　按工件的直线尺寸公差确定机床夹紧相应尺寸公差

附表 6-1　按工件的直线尺寸公差确定机床夹紧相应尺寸公差

工件尺寸公差		夹具尺寸公差	工件尺寸公差		夹具尺寸公差
由	至		由	至	
0.008	0.01	0.005	0.20	0.24	0.08
0.01	0.02	0.006	0.24	0.28	0.09
0.02	0.03	0.010	0.28	0.34	0.10
0.03	0.05	0.015	0.34	0.45	0.15
0.05	0.06	0.025	0.45	0.55	0.20
0.05	0.07	0.030	0.65	0.90	0.30
0.07	0.08	0.035	0.90	1.30	0.40
0.08	0.09	0.040	1.30	1.50	0.5
0.09	0.1	0.045	1.50	1.80	0.6
0.10	0.12	0.050	1.80	2.0	0.7
0.12	0.16	0.060	2.0	2.5	0.8
0.16	0.20	0.070	2.5	3.0	1.0

附录7 夹具常用紧固件与连接件国家标准索引

附表 7-1   夹具常用紧固件与连接件国家标准索引

1. 螺栓			
序号	名称	标准号及规格范围	图形
1	六角头螺栓	GB/T 5782—2016 M5～M24	
2	六角头螺栓　细牙	GB/T 5785—2016 M8×1～M24×2	
3	六角头螺栓　全螺纹	GB/T 5783—2016 M5～M24	
4	六角头螺栓　细牙　全螺纹	GB/T 5786—2016 M8×1～M24×2	
5	六角头螺杆带孔螺栓	GB/T 31.1—2013 M6～M24	
6	六角头螺杆带孔螺栓　细牙　A 和 B 级	GB 31.3—1988 M8×1～M24×2	
7	六角头加强杆螺栓	GB/T 27—2013 M6～M24	
8	六角头螺杆带孔加强杆螺栓　A 和 B 级	GB/T 28—2013 M6～M24	
9	T 型槽用螺栓	GB/T 37—1988 M20～M24	
10	活节螺栓	GB/T 798—2021	

2. 螺柱			
序号	名称	标准号及规格范围	图形
1	双头螺柱 $b_m=1d$	GB 897—1988 M6～M24	
2	双头螺柱 $b_m=1.25d$	GB 898—1988 M6～M24	
3	双头螺柱 $b_m=1.5d$	GB 899—1988 M6～M24	
4	双头螺柱 $b_m=2d$	GB 900—1988 M6～M24	

3. 螺钉

序号	名称	标准号及规格范围	图形
1	开槽圆柱头螺钉	GB/T 65—2016 M3～M10	
2	开槽盘头螺钉	GB/T 67—2016 M3～M10	
3	开槽沉头螺钉	GB/T 68—2016 M3～M10	
4	开槽半沉头螺钉	GB/T 69—2016 M3～M10	
5	十字槽盘头螺钉	GB/T 818—2016 M3～M10	
6	十字槽沉头螺钉	GB/T 819.1—2016 M3～M10	
7	十字半沉头螺钉	GB/T 820—2015 M3～M10	
8	十字槽圆柱头螺钉	GB/T 822—2016 M3～M10	
9	内六角圆柱头螺钉	GB/T 70.1—2008 M3～M24	
10	开槽锥端紧定螺钉	GB/T 71—2018 M3～M12	
11	开槽平端紧定螺钉	GB/T 73—2017 M3～M12	
12	开槽长圆柱端紧定螺钉	GB/T 75—2018 M3～M10	
13	内六角平端紧定螺钉	GB/T 77—2007 M3～M24	

序号	名称	标准号及规格范围	图形
14	内六角锥端紧定螺钉	GB/T 78—2007 M3～M24	
15	内六角圆柱端紧定螺钉	GB/T 79—2007 M3～M24	
16	方头长圆柱球面端紧定螺钉	GB/T 83—2018 M8～M20	
17	方头长圆柱端紧定螺钉	GB/T 85—2018 M5～M20	
18	方头短圆柱锥端紧定螺钉	GB/T 86—2018 M5～M20	
19	开槽圆柱头轴位螺钉	GB/T 830—1988 M5～MI0	
20	开槽球面圆柱头轴位螺钉	GB/T 946—1988 M5～M10	
21	开槽带孔球面圆柱头螺钉	GB/T 832—1988 M3～MI0	
22	滚花高头螺钉	GB/T 834—1988	
23	滚花平头螺钉	GB/T 835—1988	
24	吊环螺钉	GB 825—1988	

4. 螺母

序号	名称	标准号及规格范围	图形
1	1型六角螺母　C级	GB/T 41—2016 M5～M24	
2	六角螺母　A和B级	GB/T 6170—2015 M5～M24	
3	六角标准螺母1型　细牙	GB/T 6171—2016 M8×1～M24×2	
4	六角薄螺母	GB/T 6172.1—2016	
5	六角薄螺母　细牙	GB/T 6173—2015 M8×1～M24×2	
6	六角厚螺母	GB/T 56—1988 M16～M48	
7	球面六角螺母	GB 804—1988 M6～M24	
8	2型六角法兰面螺母	GB/T 6177.1—2016 M5～M20	
9	2型六角法兰面螺母　细牙	GB/T 6177.2—2016	
10	蝶形螺母	GB/T 62.1～4—2004 M3～M16	
11	环形螺母	GB/T 63—1988 M12～M24	
12	吊环螺母	JB/T 7382—1994 M8～M100	

序号	名称	标准号及规格范围	图形
13	六角盖形螺母	GB/T 923—2009 M5～M24	
14	圆螺母	GB/T 812—1988 M10～M36	
15	小圆螺母	GB/T 810—1988 M10～M36	
16	端面带孔圆螺母	GB/T 815—1988 M5～M10	
17	侧面带孔圆螺母	GB/T 816—1988 M5～M10	
18	滚花高螺母	GB/T 806—1988 M5～M10	
19	滚花薄螺母	GB/T 807—1988 M1.4～M10	

5. 垫圈

序号	名称	标准号及规格范围	图形
1	平垫圈　A 级	GB/T 97.1—2002 1.6～64	
2	平垫圈　倒角型　A 级	GB/T 97.2—2002 5～64	
3	标准型弹簧垫圈	GB 93—1987 2～48	

序号	名称	标准号及规格范围	图形
4	球面垫圈	GB/T 849—1988 6～24	
5	锥面垫圈	GB/T 850—1988 6～24	
6	开口垫圈	GB/T 851—1988 5～24	
7	圆螺母用止动垫圈	GB/T 858—1988	

6. 销

序号	名称	标准号及规格范围	图形
1	开口销	GB/T 91—2000 $d_0 = 0.6 \sim 20$	
2	圆锥销	GB/T 117—2000 $d = 0.6 \sim 20$	1:50
3	内螺纹圆锥销	GB/T 118—2000 $d = 6 \sim 20$	1:50
4	圆柱销	GB/T 119.1～2—2000 $d = 3 \sim 20$	
5	内螺纹圆柱销	GB/T 120.1～2—2000 $d = 6 \sim 20$	
6	开槽无头螺钉	GB/T 878—2007 $d = M1 \sim M10$（螺纹规格）	
7	开尾圆锥销	GB/T 877—1986 $d = 3 \sim 20$	1:50

序号	名称	标准号及规格范围	图形
8	螺尾锥销	GB/T 881—2000 $d=5\sim20$	1:50
9	销轴	GB/T 882—2008 $d=3\sim100$	（无开口销孔） （带开口销）
10	无头销轴	GB/T 880—2008 $d=3\sim100$	（无开口销孔） （带开口销）

7. 挡圈

序号	名称	标准号及规格范围	图形
1	锥销锁紧挡圈	GB/T 883—1986 $d=8\sim36$	
2	螺钉锁紧挡圈	GB/T 884—1986 $d=8\sim36$	$d\leqslant30$　　$d>30$
3	带锁圈的螺钉锁紧挡圈	GB/T 885—1986 $d=8\sim36$	$d\leqslant30$　　$d>30$
4	轴肩挡圈	GB/T 886—1986 $d=30\sim100$	
5	钢丝挡圈	GB 921—1986 $D=15\sim100$	

学习笔记

序号	名称	标准号及规格范围	图形
6	螺钉紧固轴端挡圈	GB 891—1986 $D=20\sim100$	A型　B型
7	螺栓紧固轴端挡圈	GB 892—1986 $D=20\sim100$	A型　B型
8	孔用弹性挡圈	GB/T 893—2017 $d_1=8\sim100$ $d_1=20\sim100$	
9	轴用弹性挡圈	GB/T 894—2017 $d_1=3\sim300$ $d_1=15\sim100$	$d_0\leqslant9$ $d_0\geqslant10$

8. 键

序号	名称	标准号及规格范围	图形
1	普通型　平键	GB/T 1096—2003	A B C
2	导向型　平键	GB/T 1097—2003	A B
3	普通型　半圆键	GB/T 1099.1—2003	

附录8 固定钻套规格尺寸

附表 8-1 固定钻套规格尺寸

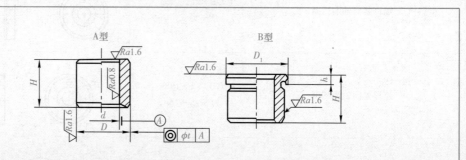

d		D		D_1	H			t
基本尺寸	极限偏差 F7	基本尺寸	极限偏差 D6					
>0~1		3	+0.010 +0.004	6	6	9	—	
>1~1.8	+0.016 +0.006	4		7				
>1.8~2.6		5	+0.016 +0.008	8				
>2.6~3		6		9	8	12	16	0.008
>3~3.3								
>3.3~4	+0.022 +0.010	7		10				
>4~5		8	+0.019 +0.010	11				
>5~6		10		13	10	16	20	
>6~8	+0.028 +0.013	12		15				
>8~10		15	+0.023 +0.012	18	12	20	25	
>10~12		18		22				
>12~15	0.034 0.016	22		26	16	28	36	
>15~18		26	+0.028 +0.015	30				
>18~22		30		34	20	36	45	
>22~26	+0.041 +0.020	35		39				
>26~30		42	+0.033 +0.017	46	25	45	56	0.012
>30~35		48		52				
>35~42	+0.050 +0.025	55		59				
>42~48		62		66	30	56	67	
>48~50		70	+0.039 +0.020	74				
>50~55	+0.060 +0.030							0.040
>55~62		78		82	35	67	78	

附录 9　夹具设计常用技术要求

(1) 零件毛坯质量要求如下：

1) 铸件不许有裂纹、气孔、砂眼、缩松、夹渣等缺陷；

2) 锻件不许有裂纹、皱折、飞边、毛刺等缺陷；

3) 焊接件焊缝不应有未填满的弧坑、气孔、溶渣杂质、基体材料烧伤等缺陷；

4) 铸件和锻件，机械加工前应经时效处理或退火、正火处理；

5) 采用冷拉四方钢材〔按《冷拉圆钢、方钢、六角钢尺寸、外形、重量及允许偏差》（GB/T 905－1994）〕、六角钢材〔按《冷拉圆钢、方钢、六角钢尺寸、外形、重量及允许偏差》（GB/T 905－1994）〕或圆钢材〔按《冷拉圆钢、方钢、六角钢尺寸、外形、重量及允许偏差》（GB/T 905－1994）〕制造的零件，其外形尺寸符合要求时，可不加工；

6) 铸件和锻件机械加工余量和尺寸偏差按各行业相应标准的规定。

(2) 零件热处理要求如下：

1) 需要机械加工的铸件或锻件，加工前应经时效处理或退火、正火处理；

2) 热处理后的零件不许有裂纹或龟裂等缺陷；

3) 零件上的内、外螺纹均不得渗碳；

4) 零件淬火后的表面，不应有氧化皮；

5) 经过精加工的配合表面不应有退火现象；

6) 热处理后的零件，应清除氧化皮、脏物和油污；

7) 零件的内外螺纹均不得渗碳。

(3) 未注尺寸及公差要求如下：

1) 凡未注明尺寸的倒角均为 $C1$。

2) 凡未注明尺寸的倒圆半径均为 $R0.5$。

3) 凡加工表面未注公差的尺寸，其尺寸公差应按《一般公差 未注公差的线性和角度尺寸的公差》（GB/T 1804—2000）中 IT13 的规定。

4) 未注形位公差的加工面应按《形状和位置公差 未注公差值》（GB/T 1184—1996）中 B 级精度的规定。

5) 非配合的锥度和角度的自由公差按《一般公差 未注公差的线性和角度尺寸的公差》（GB/T 1804—2000）中 C 级的规定。

(4) 螺纹技术要求如下：

1) 普通螺纹基本尺寸应符合《普通螺纹 基本尺寸》（GB/T 196—2003）的规定，其公差和配合按《普通螺纹 公差》（GB/T 197—2018）规定的中等精度。

2) 图面上未注明的螺纹精度一般选 6H/6g 精度等级。未注明的粗糙度为 $Ra3.2$。

3) 螺纹的通孔及沉头座尺寸按《紧固件 沉头螺钉用沉孔》（GB/T 152.2—2014）、《紧固件 圆柱头用沉孔》（GB 152.3—1988）、《紧固件 六角头螺栓和六角螺母用沉孔》（GB 152.4—1988）的规定。

4) 普通螺纹收尾及倒角按《普通螺纹收尾、肩距、退刀槽和倒角》（GB/T 3—1997）的规定。

5) 螺钉、螺母的技术要求按《紧固件机械性能 螺母》（GB/T 3098.2—2015）、《紧固件机械性能 紧定螺钉》（GB/T 3098.3—2016）、《紧固件表面缺陷》（GB/T 5779.1～5779.3—2000）的规定。

6) 螺钉末端按《紧固件 外螺纹零件末端》（GB/T 2—2016）的规定。

7) 梯形螺纹牙型与基本尺寸应符合《梯形螺纹 第 3 部分：基本尺寸》（GB/T 5796.3—2022）的规定，其公差应符合《梯形螺纹 第 4 部分：公差》（GB/T 5796.4—2022）的规定。

(5) 其他技术要求如下：

1) 零件的锐边应倒钝。

2）零件加工表面上，不应有沟痕、碰伤等损坏零件表面、降低零件强度及寿命的缺陷。

3）经电磁工作台磨削的零件应做退磁处理。

4）零件上有配合要求的表面应经防锈处理；钢制零件的其余表面，除有特殊要求外，应经发蓝处理；铸件、锻件和焊接件其余表面应经油漆处理等。

5）制造零件及部件采用的材料应符合相应的国家标准或行业标准的规定。允许采用力学性能不低于规定牌号的其他材料制造。

6）零件加工表面不应有锈蚀或机械损伤。

7）经磁力吸盘吸附过的零件应退磁。

8）零件的中心孔应按《中心孔》（GB/T 145—2001）的规定。

9）零件滚花按《滚花》（GB/T 6403.3—2008）的规定。

10）砂轮越程槽按《砂轮越程槽》（GB/T 6403.5—2008）的规定。

（6）装配质量。

1）装配时各零件均应清洗干净，不得残留有铁屑和其他各种杂物，移动和转动部位应加油润滑。

2）固定连接部位，不得松动、脱落；活动连接部位中的各种运动部件应动作灵活、平稳、无阻塞现象。

附录 10　夹具设计常用表面粗糙度要求

附表 10-1　夹具设计常用表面粗糙度要求

表面形状	表面名称		精度等级	外圆和外侧面	内孔和内侧面	举例
				$Ra/\mu m$		
平面	有相对运动的配合表面	一般平面	7	0.4 (0.5, 0.63)		T形槽
			8, 9	0.8 (1.0, 1.25)		活动V形块、叉形偏心轮、铰链两侧面
			11	1.6 (2.0, 2.5)		叉头零件
		特殊配合	精确	0.4 (0.5, 0.63)		燕尾导轨
			一般	1.6 (2.0, 2.5)		燕尾导轨
	无相对运动的表面		8, 9	0.8(1.0, 1.25)	1.6 (2.0, 2.5)	定位键侧面
			特殊配合	0.8(1.0, 1.25)	1.6 (2.0, 2.5)	键两侧面
	有相对运动的导轨面		精确	0.4 (0.5, 0.63)		导轨面
			一般	1.6 (2.0, 2.5)		导轨面
	无相对运动	夹具体基面	精确	0.4 (0.5, 0.63)		夹具体安装面
			中等	0.8 (1.0, 1.25)		夹具体安装面
			一般	1.6 (2.0, 2.5)		夹具体安装面
		安装夹具零件的基面	精确	0.4 (0.5, 0.63)		安装元件的表面
			中等	1.6 (2.0, 2.5)		安装元件的表面
			一般	3.2 (4.0, 5.0)		安装元件的表面

表面形状	表面名称		精度等级	外圆和外侧面	内孔和内侧面	举例
				$Ra/\mu m$		
圆柱面	有相对运动的配合表面		6	0.2 (0.25, 0.32)		快换钻套、手动定位销
			7	0.2(0.25, 0.32)	0.4(0.5, 0.63)	导向销
			8, 9	0.4 (0.5, 0.63)		衬套定位销
			11	1.6(2.0, 2.5)	3.2(4.0, 5.0)	转动轴颈
	无相对运动的配合表面		7	0.4(0.5, 0.63)	0.8(1.0, 1.25)	圆柱销
			8, 9	0.8 (4.0, 5.0)	1.6 (2.0, 2.5)	手柄
			自由尺寸	3.2 (4.0, 5.0)		活动手柄、压板
锥形表面	顶尖孔		精确	0.4 (0.5, 0.63)		顶尖、顶尖孔、铰链侧面
			一般	1.6 (2.0, 2.5)		导向定位件导向部分
	无相对运动	安装刀具的锥柄和锥孔	精确	0.2(0.25, 0.32)	0.4(0.5, 0.63)	工具圆锥
			一般	0.4(0.5, 0.63)	0.8(1.0, 1.25)	弹簧夹头、圆锥销、轴
		固定紧固用		0.4(0.5, 0.63)	0.8(1.0, 1.25)	锥面锁紧表面
紧固件表面	螺钉头部			3.2 (4.0, 5.0)		螺栓、螺钉
	穿过紧固件的内孔面			6.3 (8.0, 10.0)		压板孔
密封性配合面	有相对运动			0.1 (0.125, 0.16)		缸体内表面
	无相对运动	软垫圈		1.6 (2.0, 2.5)		缸盖端面
		金属垫圈		0.8 (1.0, 1.25)		缸盖端面
定位平面			精确	0.4 (0.5, 0.63)		定位件工作表面
			一般	1.6 (2.0, 2.5)		定位件工作表面
孔面	径向轴承		D、E	0.4 (0.5, 0.63)		安装轴承内孔
			G、F	0.8 (1.0, 1.25)		安装轴承内孔
端面	推力轴承			1.6 (2.0, 2.5)		安装推力轴承端面
孔面	滚针轴承			0.4 (0.5, 0.63)		安装轴承内孔
刮研平面	20～25 点/25mm×25mm			0.05 (0.063, 0.080)		结合面
	16～20 点/25mm×25mm			0.1 (0.125, 0.16)		结合面
	13～16 点/25mm×25mm			0.2 (0.25, 0.32)		结合面
	10～13 点/25mm×25mm			0.4 (0.5, 0.63)		结合面
	8～10 点/25mm×25mm			0.8 (1.0, 1.25)		结合面

注：括弧中的数值为第二系列。

附录 11 夹具设计常用形位公差（摘自 GB/T 1184—1996）

附表 11-1 直线度和平面度公差

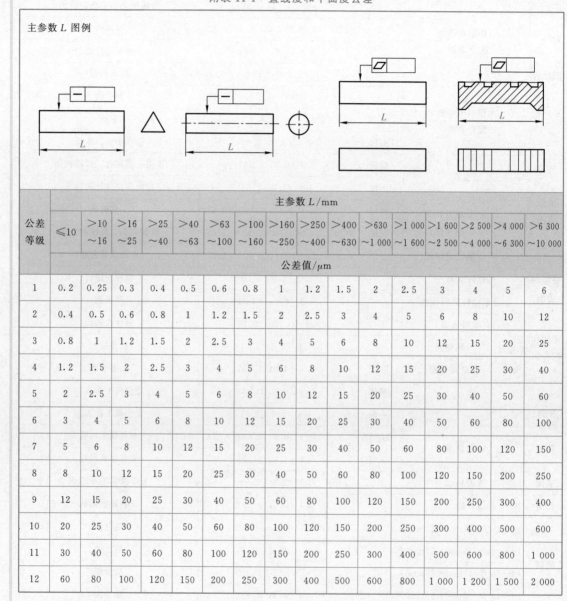

公差等级	主参数 L/mm														
	≤10	>10~16	>16~25	>25~40	>40~63	>63~100	>100~160	>160~250	>250~400	>400~630	>630~1 000	>1 000~1 600	>1 600~2 500	>2 500~4 000	>4 000~6 300	>6 300~10 000
	公差值/μm														
1	0.2	0.25	0.3	0.4	0.5	0.6	0.8	1	1.2	1.5	2	2.5	3	4	5	6
2	0.4	0.5	0.6	0.8	1	1.2	1.5	2	2.5	3	4	5	6	8	10	12
3	0.8	1	1.2	1.5	2	2.5	3	4	5	6	8	10	12	15	20	25
4	1.2	1.5	2	2.5	3	4	5	6	8	10	12	15	20	25	30	40
5	2	2.5	3	4	5	6	8	10	12	15	20	25	30	40	50	60
6	3	4	5	6	8	10	12	15	20	25	30	40	50	60	80	100
7	5	6	8	10	12	15	20	25	30	40	50	60	80	100	120	150
8	8	10	12	15	20	25	30	40	50	60	80	100	120	150	200	250
9	12	15	20	25	30	40	50	60	80	100	120	150	200	250	300	400
10	20	25	30	40	50	60	80	100	120	150	200	250	300	400	500	600
11	30	40	50	60	80	100	120	150	200	250	300	400	500	600	800	1 000
12	60	80	100	120	150	200	250	300	400	500	600	800	1 000	1 200	1 500	2 000

主参数 d（D）/mm

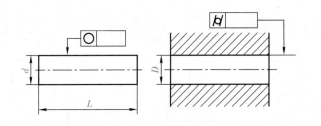

公差等级	主参数 d（D）/mm												
	≤3	>3 ~6	>6 ~10	>10 ~18	>18 ~30	>30 ~50	>50 ~80	>80 ~120	>120 ~180	>180 ~250	>250 ~315	>315 ~400	>400 ~500
	公差值/μm												
0	0.1	0.1	0.12	0.15	0.2	0.25	0.3	0.4	0.6	0.8	1.0	1.2	1.5
1	0.2	0.2	0.25	0.25	0.3	0.4	0.5	0.6	1	1.2	1.6	2	2.5
2	0.3	0.4	0.4	0.5	0.6	0.6	0.8	1	1.2	2	2.5	3	4
3	0.5	0.6	0.6	0.8	1	1	1.2	1.5	2	3	4	5	6
4	0.8	1	1	1.2	1.5	1.5	2	2.5	3.5	4.5	6	7	8
5	1.2	1.5	1.5	2	2.5	2.5	3	4	5	7	8	9	10
6	2	2.5	2.5	3	4	4	5	6	8	10	12	13	15
7	3	4	4	5	6	7	8	10	12	14	16	18	20
8	4	5	6	8	9	11	13	15	18	20	23	25	27
9	6	8	9	11	13	16	19	22	25	29	32	36	40
10	10	12	15	18	21	25	30	35	40	46	52	57	63
11	14	18	22	27	33	39	46	54	63	72	81	89	97
12	25	30	36	43	52	62	74	87	100	115	130	140	155

附表 11-3　平行度、垂直度和倾斜度公差

主参数 L、d（D）图例

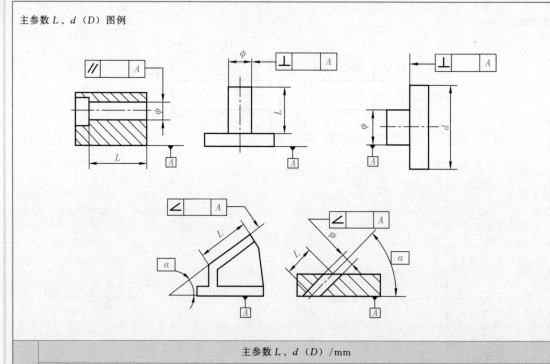

公差等级	主参数 L、d（D）/mm														
	≤10	>10 ~16	>16 ~25	>25 ~40	>40 ~63	>63 ~100	>100 ~160	>160 ~250	>250 ~400	>400 ~630	>630 ~1 000	>1 000 ~1 600	>1 600 ~2 500	>2 500 ~4 000	>4 000 ~6 300	>6 300 ~10 000
	公差值/μm														
1	0.4	0.5	0.6	0.8	1	1.2	1.5	2	2.5	3	4	5	6	8	10	12
2	0.8	1	1.2	1.5	2	2.5	3	4	5	6	8	10	12	15	20	25
3	1.5	2	2.5	3	4	5	6	8	10	12	15	20	25	30	40	50
4	3	4	5	6	8	10	12	15	20	25	30	40	50	60	80	100
5	5	6	8	10	12	15	20	25	30	40	50	60	80	100	120	150
6	8	10	12	15	20	25	30	40	50	60	80	100	120	150	200	250
7	12	15	20	25	30	40	50	60	80	100	120	150	200	250	300	400
8	20	25	30	40	50	60	80	100	120	150	200	250	300	400	500	600
9	30	40	50	60	80	100	120	150	200	250	300	400	500	600	800	1 000
10	50	60	80	100	120	150	200	250	300	400	500	600	800	1 000	1 200	1 500
11	80	100	120	150	200	250	300	400	500	600	800	1 000	1 200	1 500	2 000	2 500
12	120	150	200	250	300	400	500	600	800	1 000	1 200	1 500	2 000	2 500	3 000	4 000

主参数 d（D）、B、L 图例

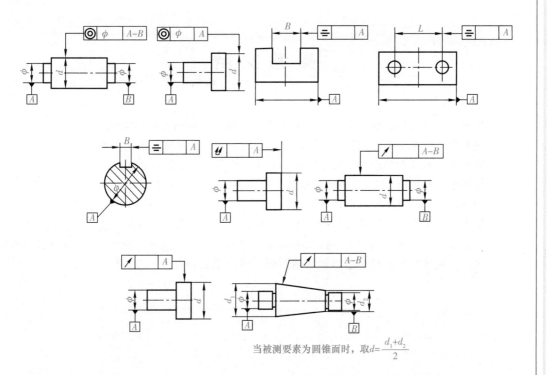

当被测要素为圆锥面时，取 $d=\dfrac{d_1+d_2}{2}$

公差等级	主参数 d（D）、B、L/mm															
	≤1	>1 ~3	>3 ~6	>6 ~10	>10 ~18	>18 ~30	>30 ~50	>50 ~120	>120 ~250	>250 ~500	>500 ~800	>800 ~1 250	>1 250 ~2 000	>2 000 ~3 150	>3 150 ~5 000	>5 000 ~8 000	>8 000 ~10 000
	公差值/μm															
1	0.4	0.4	0.5	0.6	0.8	1	1.2	1.5	2	2.5	3	4	5	6	8	10	12
2	0.6	0.6	0.8	1	1.2	1.5	2	2.5	3	4	5	6	8	10	12	15	20
3	1	1	1.2	1.5	2	2.5	3	4	5	6	8	10	12	15	20	25	30
4	1.5	1.5	2	2.5	3	4	5	6	8	10	12	15	20	25	30	40	50
5	2.5	2.5	3	4	5	6	8	10	12	15	20	25	30	40	50	60	80
6	4	4	5	6	8	10	12	15	20	25	30	40	50	60	80	100	120
7	6	6	8	10	12	15	20	25	30	40	50	60	80	100	120	150	200
8	10	10	12	15	20	25	30	40	50	60	80	100	120	150	200	250	300
9	15	20	25	30	40	50	60	80	100	120	150	200	250	300	400	500	600
10	25	40	50	60	80	100	120	150	200	250	300	400	500	600	800	1 000	1 200
11	40	60	80	100	120	150	200	250	300	400	500	600	800	1 000	1 200	1 500	2 000
12	60	120	150	200	250	300	400	500	600	800	1 000	1 200	1 500	2 000	2 500	3 000	4 000

参 考 文 献

[1] 朱耀祥，浦林祥. 现代夹具设计手册 [M]. 北京：机械工业出版社，2010.
[2] 洪惠良. 机床夹具 [M]. 5 版. 北京：中国劳动社会保障出版社，2018.
[3] 陈旭东. 机床夹具设计 [M]. 2 版. 北京：清华大学出版社，2014.
[4] 张士军，孙德英. UG 专用夹具设计 [M]. 北京：机械工业出版社，2012.
[5] 何庆，李郁. 机床夹具设计教程 [M]. 北京：电子工业出版社，2012.
[6] 王光斗，王春福. 机床夹具设计手册 [M]. 3 版. 上海：上海科学技术出版社，2000.
[7] 阎青松，莫秉华，胡立光. 机床夹具设计与实践 [M]. 北京：化学工业出版社，2020.
[8] 吴拓. 现代机床夹具典型结构实用图册 [M]. 北京：化学工业出版社，2015.